机械工程与自动化应用

主　编　陈洪文　覃荣江　柴　飞

编　委　范京珲　徐光昕　夏阁堂

　　　　崔　宇　林　浩　李飞阳

　　　　何　青　丁　文　万　浪

　　　　刘　林　李　锴

汕頭大學出版社

图书在版编目（CIP）数据

机械工程与自动化应用 / 陈洪文，覃荣江，柴飞主
编. -- 汕头 ： 汕头大学出版社，2024. 9. -- ISBN 978-
7-5658-5412-5

Ⅰ. TH-39

中国国家版本馆CIP数据核字第202479A218号

机械工程与自动化应用
JIXIE GONGCHENG YU ZIDONGHUA YINGYONG

主　　编：陈洪文　覃荣江　柴　飞
责任编辑：郑舜钦
责任技编：黄东生
封面设计：刘梦杏
出版发行：汕头大学出版社
　　　　　广东省汕头市大学路 243 号汕头大学校园内　邮政编码：515063
电　　话：0754-82904613
印　　刷：廊坊市海涛印刷有限公司
开　　本：710mm×1000mm　1/16
印　　张：9.25
字　　数：160 千字
版　　次：2024 年 9 月第 1 版
印　　次：2025 年 1 月第 1 次印刷
定　　价：46.00 元
ISBN 978-7-5658-5412-5

前言

  制造业是立国之本、兴国之器、强国之基。当今世界正处于以数字化、网络化、智能化为主要特征的第四次工业革命的起点，世界各大强国无不把发展制造业作为占据全球产业链和价值链高端位置的重要抓手，并先后提出了各自的制造业国家发展战略。我国要实现加快建设制造强国、发展先进制造业的战略目标，就迫切需要培养、造就一大批具有科学、工程和人文素养，具备机械设计制造基础知识，以及创新意识和国际视野，拥有研究开发能力、工程实践能力、团队协作能力，能在机械制造领域从事科学研究、技术研发和科技管理等工作的高级工程技术人才。

  随着科学技术的不断进步，机械制造技术水平也在不断提高，特别是随着机电一体化技术、计算机辅助技术和信息技术的发展，当今世界机械制造业已进入自动化的时代。采用自动化技术，可以大大降低劳动强度，提高产品质量，提高制造系统适应市场变化的能力，从而提高企业的市场竞争力。作为制造业自动化主要组成部分的机械制造自动化是企业实现自动化生产、参与市场竞争的基础。对机械制造过程各个环节自动化技术的了解，即在熟悉掌握机械制造的基本理论和技术的基础上，了解掌握现代机械制造的新手段、新方法、新技术，即自动化的基本理念，是适应现代工业企业自身适应能力增强的必然需求。

  安全生产事关人民群众的生命财产安全，事关改革发展和社会稳定大局。随着生产力的发展与科技的进步，机械设备已成为现代生产中各行各业不可缺少的生产要素，它是解放劳动力、提高生产率的有力工具，也是现代工业的基础。各种机械设备已悄然进入我们日常生产、生活的各个角落，日益广泛地影响着我们的生产、生活安全，充分实现这些机械设备的效能就成了必然之需，我们对它们的安全使用也必须深入了解。在使用各类机械设备的过程中，确保它们的本质安全是企业发展和家庭文明以及社会和谐的重要要求。

　　本书以机械工程为主线，对机械工程零件、部件与设备、制造技术进行了系统化论述，包含分层制造、精密和超精密加工技术、高速切削加工技术、可持续制造技术等，基于机械自动化技术，进一步对机械自动化控制方法与技术、机械制造自动化技术、机械自动化技术的应用进行深入的分析探讨等。本书理论与实践相结合，旨在促进我国机械工程发展，提升自动化技术水平，兼具理论参考和实际应用价值。

　　本书内容专业技术性强，因作者经验和水平有限，书中如有错误、纰漏和不妥之处，恳请广大读者不吝指正。

目 录

第一章　机械工程零件、部件与设备

第一节　零件

零件是组成机械的基本单元，正式名称是机械零件，简称零件。零件按照应用范围分为两大类：通用零件和专用零件。通用零件在各种机械中都有可能用到；专用零件仅仅适用于一定类型的机械。

一、通用零件

（一）滚动轴承

滚动轴承用于支撑轴及轴上零件，保证轴的旋转精度，减少轴与孔之间的相对摩擦和磨损。典型的滚动轴承结构包括四个部分：外圈、内圈、滚动体和保持架。

轴安装在轴承的内圈中，依靠很大的摩擦力带动内圈一起转动；轴承的外圈与轴承座孔固定在一起。轴承工作时，内外圈通过滚动体的滚动实现相对转动。保持架将滚动体隔开，避免滚动体之间的碰撞、摩擦和磨损。滚动轴承摩擦系数小，润滑和维护方便，规格标准化，在机械工程中被广泛应用，如自行车后轮、电机转轴、汽车变速箱、洗衣机脱水桶等。

按照滚动体的形状和受力特点，滚动轴承有如下类型：向心球轴承、角接触轴承、圆柱滚子轴承、圆锥滚子轴承、平面推力球轴承和组合轴承等。

1. 向心球轴承

向心球轴承的结构组成包括内圈、外圈、滚动体和保持架。向心球轴承的结构特点决定了其既能够承受径向力又能够承受双向轴向力。

2. 角接触球轴承

角接触球轴承的外、内圈，一边略厚，一边略薄。略厚的一边称为

"背"，略薄的一边称为"面"。角接触球轴承的结构特点决定了其既能够承受径向力，又能够承受单向轴向力。角接触球轴承能够承受的轴向力较向心球轴承大。接触角越大，能够承受的轴向力就越大。

3. 圆柱滚子轴承

圆柱滚子轴承组成包括外圈、内圈、保持架和圆柱滚动体。圆柱滚子轴承只能承受径向力，不能承受轴向力。承受径向力较同尺寸的球轴承大，尤其能够承受较大冲击力。

4. 圆锥滚子轴承

圆锥滚子轴承组成包括外圈、内圈、保持架和圆锥滚动体。圆锥滚子轴承能承受较大的径向力和轴向力。

5. 平面推力球轴承

平面推力球轴承只能承受单向轴向力，适用于轴向力较大而转速较低的场合。

6. 组合轴承

一套轴承内同时由上述两种轴承结构形式组合而成的滚动轴承，称为组合轴承。如滚针和推力圆柱滚子组合轴承、滚针和推力球组合轴承等。

(二) 紧固件

螺栓为附有螺纹的圆柱杆状带头对象，一端带有螺纹的圆柱部分称为螺柱，用于与螺母配合，另一端为头部，称为螺栓头。螺栓通常由金属制成，在电绝缘或防腐蚀等特殊场合使用的螺栓也有各种非金属材质的。

螺母又称为螺帽，是一种固定用工具，其中心有孔，孔的内侧有螺纹，也称为丝。

螺钉为附有螺纹的圆柱杆状带头对象，一端带有螺纹的圆柱部分称为螺柱，另一端为头部，称为螺栓头，通常单独使用。

(三) 弹簧

弹簧是一种利用弹性来工作的机械零件，一般用弹簧钢制成，用以控制机件的运动，减缓冲击或振动，积蓄能量，测量力的大小等，广泛用于机器、仪表中。弹簧的种类复杂多样，按形状分，主要有螺旋弹簧、涡卷弹

簧、板弹簧等。

（四）带传动和链传动

带传动是利用张紧在带轮上的传动带与带轮的摩擦或啮合来传递运动和动力的。带传动被应用到很多领域，如工业机器人、汽车变速箱、照相机快门、卷扬机和机床动力箱等。带传动属于挠性传动，传动平稳，噪声小，可缓冲吸振。过载时，带会在带轮上打滑而起到保护其他传动件免受损坏的作用。带传动允许较大的中心距，结构简单，制造、安装和维护较方便，且成本低廉。

带传动中用得较为广泛的是无接头的 V 形带。V 形带和 V 形带轮配合使用。V 形带轮上制有 V 形轮槽。为了提高带传动的效率，通常需要对带做适当预紧，使得 V 形带卡在轮槽中，增大了带的侧面和轮槽侧面的摩擦力，使二者之间不易发生相对运动，从而提高传动效率。如果预紧力过大，会降低带的寿命，动力消耗也大；如果预紧力不足，带会打滑，磨损也大。

同步带传动综合了带传动、链传动和齿轮传动的优点。由于带的工作面呈齿形，与带轮的齿槽做啮合传动，并由带的抗拉层承受负载，故带与带轮之间没有相对滑动，从而使主、从动轮间能做无滑差的同步传动。同步带传动的速度范围很宽，从每分钟几转到线速度 40m/s 以上，传动效率可达99.5%，传动比可达 10，传动功率从几瓦到数百千瓦。同步带现已在各种仪器、计算机、汽车、工业缝纫机、纺织机和其他通用机械中得到广泛应用。

链传动是应用较广的一种机械传动，是依靠链轮轮齿与链节的啮合来传递运动和动力。与带传动相比，链传动能保持准确的平均传动比，传动效率高，径向压轴力小，能在高温及低速情况下工作，能传递大的力矩和功率；与齿轮传动相比链传动安装精度要求较低，成本低廉，可远距离传动。链传动的主要缺点是瞬时传动比是变化的，传动平稳性较差，有冲击、振动和噪声，不适宜过高速度。

二、专用零件

(一) 轴

轴是组成机器的重要零件之一，用于支承做回转运动或摆动的零件来实现其回转或摆动，使其有确定的工作位置。

轴的外形和尺寸各种各样，差异很大，但是轴的一个共同特点是呈圆柱形，而且长度远远大于直径。轴的应用范围非常广泛，生活和生产中都离不开轴。调整机械手表的时间时，我们需要拉出表轴，轻轻转动；时针、分针和秒针的转动同样离不开轴；汽车上也有很多轴；汽车的变速箱需要轴支撑齿轮的转动来传递运动和动力；汽车的车轮转动需要有前后轴的支撑；电风扇扇叶转动时，需要一根轴驱动它；升降重物用的滑轮，必须有轴才能转动；工业生产中使用的各种电机，没有轴无法完成转动和传递运动。

按照轴的形状分类可分为直轴、曲轴和软轴。直轴按外形不同可分为光轴、阶梯轴、空心轴及一些特殊用途的轴，如凸轮轴、花键轴、齿轮轴等。曲轴是内燃机、曲柄压力机等机器上的专用零件，用以将往复运动转变为旋转运动或做相反转变。软轴主要用于两传动轴线不在同一直线或工作时彼此有相对运动的空间传动，也可用于受连续振动的场合，以缓和冲击。

轴的结构由三部分组成：轴头、轴颈和轴身。轴头是与传动零件或者联轴器相配合的部分；轴颈是与滚动或者滑动轴承相配合的部分；轴身是轴的其余部分。

轴颈处安装有两个滚动轴承，两个轴头处分别与齿轮 (左端) 和联轴器 (右端) 相连，轴身是轴头和轴颈之间的过渡部分，通常安装套筒等用以轴向定位。

(二) 齿轮

齿轮的用途很广，是各种机械设备中的重要零件，如机床、飞机、轮船及日常生活中用的手表、电扇等都要使用各种齿轮。齿轮的种类很多，有直齿圆柱齿轮、直齿圆锥齿轮、齿轮齿条、螺旋齿轮、蜗轮蜗杆等。齿轮是传动件，成对使用以传递扭矩、动力，改变转速和转向。

齿轮传动的优点主要包括：能保证瞬时传动比恒定，工作可靠性高，传递运动准确可靠；传递的功率和圆周速度范围较宽；结构紧凑、可实现较大的传动比；传动效率高，使用寿命长；维护简便。但齿轮传动也有一定的缺点：运转过程中有振动、冲击和噪声；齿轮安装要求较高；不能实现无级变速；不适宜用在中心距较大的场合。

1. 直齿圆柱齿轮

直齿圆柱齿轮的齿位于一个圆柱面上。直齿圆柱齿轮是较为简单，使用最多的一种齿轮。直齿轮可分为外齿直齿轮和内齿直齿轮两种。

直齿轮啮合时，齿面的接触线均平行于齿轮的轴线。其轮齿是沿整个齿宽同时进入接触或同时分离的，载荷沿齿宽突然加上及卸下，因此直齿圆柱齿轮传动的平稳性差，容易产生噪声和冲击。另外，直齿轮啮合时，同时参与啮合的轮齿数少，因而每一对齿的负荷大，承载能力相对较低，且在交替啮合时，轮齿负荷的变动大，故传动不够平稳，所以不适用于高速重载的传动。

2. 直齿圆锥齿轮

直齿圆锥齿轮的齿位于一个截断的圆锥面上。直齿圆锥齿轮用来实现两相交轴之间的传动，两个轴的夹角为90°。直齿圆锥齿轮设计、制造及安装均较简单，但噪声很大，用于低速传动。

3. 齿轮齿条

齿条可以看作齿位于一个平面上，所以齿轮齿条传动仍是两个齿轮传动，只是大齿轮的半径无限大。如果将齿轮中心固定，则齿条可以左右直线运动；如果将齿条固定，则齿轮可以左右滚动。齿条通常安放在滚子上，或者较为光滑的平面，以便滑动。

4. 螺旋齿轮

螺旋齿轮的齿沿着齿宽不是一段直线而是一段弧线。两个螺旋齿轮配合传动时，载荷不是突然加上或卸下的，因此螺旋齿轮传动工作较平稳。螺旋齿轮的齿实际长度比直齿轮的实际长度来得长，受力面积也就大了，所以承载能力就强。

5. 蜗轮蜗杆

蜗杆上的齿类似于圆柱表面上的一条螺旋线。蜗杆每转动一周，蜗轮转动一个齿。蜗轮蜗杆传动能够产生极大的减速比。举例而言，如果蜗轮有100个齿，那么减速比就能够达到100倍。传动比大，而相关零件很少，故结构紧凑。在蜗杆传动中，由于蜗杆齿是连续不断的螺旋齿，这一点和螺旋齿轮的齿非常相似。蜗杆齿和蜗轮齿是逐渐进入啮合及逐渐退出啮合的，同时啮合的齿对又较多，故冲击载荷小，传动平稳，噪声低。蜗杆传动与螺旋齿轮传动相似，在啮合处有相对滑动。当滑动速度很大，工作条件不够良好时，会产生较严重的摩擦与磨损，从而引起过分发热，使润滑情况恶化。

(三) 凸轮

凸轮是一种具有曲线轮廓或者凹槽的零件。凸轮通常和轴固连在一起，随轴的转动而转动。

凸轮机构的特点：通过凸轮曲线的变化，可以使得从动件获得连续或者不连续的任意预期运动，具有多用性和灵活性，因此广泛应用于机械、仪器、操纵控制装置和自动生产线中，是自动化生产中主要的驱动和控制机构。

加工时，上方工件转动，凸轮作为靠模固定在机床上，刀架在弹簧力作用下与凸轮保持接触。刀架从右向左运动的时候，沿着凸轮表面做曲线运动，从而切削出与靠模一致的工件表面曲线。

当带有凹槽的凸轮转动时，通过槽中的滚子，驱动从动件做往复移动。凸轮每回转一周，从动件即从储料器中推出一个毛坯，送到加工位置。

三、机械零部件设计

(一) 机械零件设计的基本要求

机器是由零件组成的。因此，设计的机器是否满足前述基本要求，零部件的质量是关键。为此，还应对机械零部件提出强度、刚度及寿命等基本要求。

1. 强度

强度是衡量零件抵抗破坏的能力。零件强度不足，将导致过大的塑性变形甚至断裂破坏，机器停止工作，甚至发生严重事故。采用高强度材料，

增大零件截面尺寸，合理设计截面形状，采用热处理及化学处理方法，提高运动零件的制造精度，以及合理配置机器中各零件的相互位置等，均有利于提高零件的强度。

2. 刚度

刚度是衡量零件抵抗弹性变形的能力。零件的刚度不足，容易导致过大弹性变形，引起载荷集中，影响机器工作性能，甚至造成事故。零件的刚度分整体变形刚度和表面接触刚度两种。

3. 寿命

寿命是指零件正常工作的期限。材料的疲劳、腐蚀，相对运动零件表面的磨损，高温下的蠕变等是影响零件寿命的主要因素。

4. 结构工艺性

零件应具有良好的结构工艺性。这就是说，在一定的生产条件下，零件应能方便而经济地生产出来，并便于装配成机器。

5. 可靠性

零件可靠度的定义和机器可靠度的定义是相同的。机器的可靠度主要是由其组成零件的可靠度来保证的。

6. 经济性

零件的经济性主要决定于零件的材料加工成本。因此，提高零件的经济性主要从零件的材料选择和结构工艺性设计两方面入手。

7. 质量

尽可能减轻质量对绝大多数机械零件都是必要的。减轻质量可以节约材料，减小运动零件的惯性，从而提高机器动力性能。

(二) 机械零件的主要失效形式

机械零件由于某种原因不能正常工作称为失效，主要失效形式有以下几种。

1. 断裂

机械零件在静应力作用下，由于某个危险剖面上的应力超过机械零件材料的强度极限时而发生机械零件的断裂，如螺栓被拧断，铸铁零件在冲击载荷作用下的断裂；机械零件在变应力作用下，其表面应力最大处的应力超过某极限时产生微裂纹，在变应力作用下，裂纹不断扩展，一旦静强度不够时，机械零件将发生疲劳断裂，如轴的疲劳断裂。机械零件的疲劳断裂占断裂原因的 80% 以上。

2. 塑性变形

机械零件在外载荷作用下，当其所受应力超过材料的屈服极限时，就会发生塑性变形。在设计机械零件时，一般不允许发生塑性变形。机械零件发生塑性变形后，其形状和尺寸产生永久的变化，破坏零件间的正常相对位置或啮合关系产生振动、噪声、承载能力下降，严重时，机械零件甚至机器不能正常工作。例如，齿轮的轮齿发生塑性变形，不能满足正确啮合条件和定传动比传动，在运转时将产生剧烈的振动和噪声；弹簧发生塑性变形后，直接导致其功能丧失。

3. 表面失效

机械零件的表面失效指磨损、胶合和腐蚀等失效。对于高速重载的齿轮传动，齿面间压力大、温度高，可能造成相啮合的齿面发生粘连，由于齿面继续相对运动，粘连部分被撕裂，在齿面上产生沿相对运动方向的伤痕，称为胶合，胶合也会发生在其他高速重载条件下相对运动处。机械零件都与其他零件接触，在许多接触处发生微动或明显的相对运动，而且机械零件还可能在环境恶劣的条件下工作，不可避免地发生磨损、腐蚀。机器外壳或机架由于腐蚀而缺损；机械零件表面失效引起尺寸、形状的改变和表面粗糙度数值下降，影响机器精度，产生振动和噪声，降低机械零件的承载能力，甚至造成机械零件的卡死（如滚动轴承）或断裂等。

4. 弹性变形过大

零件在载荷作用下，将发生弹性变形，如弯曲变形、扭转变形、拉伸变形等。过大的弹性变形将导致零件失效，如机床主轴弹性变形过大，将造成被加工零件的精度下降。

5. 破坏正常工作条件导致的失效

有些机械零件必须在特定的工作条件下才能正常工作，一旦其工作条件被破坏就会失效。例如，带传动是依靠带和带轮轮槽表面间的摩擦力工作的，若要传递的圆周力超过带和轮间的最大摩擦力，带传动将发生打滑，传动失效；轴承是机器的关键零件之一，轴承没有润滑或润滑不良会发生剧烈

的温升或卡死。

6. 振动和噪声过大

对于高速运动的机械零件，可能由于干扰力的频率与零件的固有频率相等或接近，造成机械零件共振，使得振幅急剧增大，导致机械零件或机器损坏。

噪声也是一种环境污染，它影响人体健康和舒适感觉。限制噪声分贝已成为评定机器质量的指标之一，如空调、汽车等。一般机器的噪声最好控制在 70 ~ 80dB 及以下。

(三) 机械零件的设计准则

零件不发生失效时的安全工作限度称为零件的工作能力，为保证零件安全、可靠地工作，应确定相应的设计准则来保证设计的机械零件具有足够的工作能力。一般来讲，大体有以下设计准则。

1. 强度准则

强度准则是机械零件设计计算最基本的准则。强度是指零件在载荷作用下抵抗断裂、塑性变形及表面损伤的能力。为保证零件有足够的强度，计算时应保证危险截面工作应力不能超过许用应力。

一般工作期内应力变化次数 $<10^3(10^4)$ 可按静应力强度计算。

复杂应力时的塑性材料零件，用第三或第四强度理论计算弯扭合成应力，带入正应力强度条件式。

2. 刚度准则

机械零件在受载荷时要发生弹性变形，刚度是受外力作用的材料、机械零件或结构抵抗变形的能力。材料的刚度由使其产生单位变形所需的外力值来量度。机械零件的刚度取决于它的弹性模量或切变模量、几何形状和尺寸，以及外力的作用形式等。分析机械零件的刚度是机械设计中的一项重要工作。对于一些需要严格限制变形的零件 (如机翼、机床主轴等)，须通过刚度分析来控制变形。我们还需要通过控制零件的刚度以防止发生振动或失稳。另外，如弹簧，须通过控制其刚度为某一合理值以确保其特定功能。刚度准则是要求零件受载荷后的弹性变形量不大于允许弹性变形量。零件的弹性变形量可由理论计算或经实验得到，许用变形量则取决于零件的用途，根据理论分析或经验确定。

3. 寿命准则

影响零件寿命的主要因素是腐蚀、磨损和疲劳，它们的产生机理、发展规律及对零件寿命的影响是完全不同的。迄今为止，还未能提出有效而实用的腐蚀寿命计算方法，所以尚不能列出腐蚀的计算准则。对磨损，人们已充分认识到它的严重危害性，进行了大量的研究，但由于摩擦、磨损的影响因素十分复杂，产生的机理还未完全明晰，所以至今还未形成可供工程实际使用的定量计算方法。对疲劳寿命计算，通常是求出零件使用寿命期内的疲劳极限或额定载荷来作为计算的依据。

4. 振动稳定性准则

机器中存在许多周期性变化的激振源，如齿轮的啮合、轴的偏心转动、滚动轴承中的振动等。当零件（或部件）的固有频率与上述激振源的频率重合或呈整数倍关系时，零件就会发生共振，导致零件在短期内被破坏甚至整个系统毁坏。因此，应使受激零件的固有频率与激振源的频率相互错开，避免共振。

轴产生共振的主要原因是：由于材料内部质量不均匀，加之制造和安装的误差，使其质心和它的旋转中心产生偏差，轴旋转时产生惯性力，这个惯性力使转子做强迫振动。轴在引起共振时的速度称为临界速度。在临界速度下，这个惯性力的频率等于或几倍于转子的固有频率，因此会发生共振。

5. 散热性准则

机械零部件由于过度发热，会引起润滑失效，零部件胶合、硬度降低、热变形等问题。因此，对于发热较大的机械零部件必须限制其工作温度，满足散热性准则，如蜗杆传动、滑动轴承需进行热平衡计算。

6. 寿命准则

为了保证机器在一定寿命期限内正常工作，在设计机械零件时必须对机械零件的寿命提出要求。需要说明，在机器寿命期限内，零件是可以更换的，也就是说，某些机械零件的寿命可以比机器的寿命短。机械零件的寿命主要受材料的疲劳、磨损和腐蚀影响。

为了避免发生零件疲劳引起的失效，如疲劳断裂，应根据机械零件寿命对应的疲劳极限计算疲劳强度。当满足疲劳强度时，可以保证机械零件在

破坏前的应力循环次数达到寿命要求。

磨损一般是不可避免的。在一定条件下，腐蚀也是不可避免的，如桥梁结构件、地埋钢质管道的腐蚀等。在设计时，主要是保证机械零件在寿命内，不要发生过度的磨损和腐蚀。磨损发生的机理尚未完全被人们掌握，影响磨损的因素也比较多，一般根据摩擦学设计原理来改善摩擦副的耐磨性。主要措施：合理选择摩擦副材料；合理选择润滑剂和添加剂；控制摩擦副的工作条件，如压强、滑动速度和温升。

到目前为止，还没有实用、有效的腐蚀寿命计算方法，通常从材料选择及防腐处理方面采取措施。如选用耐腐蚀的材料，采用表面镀层、喷涂、磷化等处理。

7. 可靠性准则

可靠性是产品在规定的条件下和规定的时间内，完成规定功能的能力。产品的质量一般应包含性能指标和可靠性指标。机械产品的性能指标是指产品具有的技术指标，如机械的功率、转矩、工作力、工作速度等。如果只有性能指标，没有可靠性指标，产品的性能指标也得不到保证。产品的可靠性用可靠度来衡量。可靠度的定义：产品在规定的条件下和规定的时间内完成规定功能的概率。

8. 精度准则

对于高精度的机械零件、机构或设备，要求其运动误差小于许用值。例如，在精密机械中，导轨的直线性误差、主轴的径向跳动误差、齿轮传动的转角误差等，必须有一定的精度要求。我们可以根据机器和零件的功能要求，选用合适的公差与配合，即进行精度设计，并能正确地标注到图样上。还可以按照零件图给定的公差值，求出机构的误差，与要求的机构精度做比较。

(四) 机械零件的设计方法

机械零件的常规设计方法有以下三种。

1. 理论设计

理论设计是根据现有的设计理论和实验数据所进行的设计。按照设计顺序的不同，零件的理论设计可分为设计计算和校核计算。

（1）设计计算。根据零件的工作情况和要求进行失效分析，确定零件的设计计算准则，按其理论设计公式确定零件的形状和尺寸。

（2）校核计算。参照已有实物、图样和经验数据初步拟定零件的结构和尺寸，然后根据设计计算准则的理论校核公式进行校核计算。

2. 经验设计

经验设计是指根据对某类零件已有的设计与使用实践而归纳出的经验公式，或根据设计者的经验用类比法所进行的设计。经验设计简单方便，适用于那些使用要求变动不大而结构形状已典型化的零件，如箱体、机架、传动零件。

3. 模型实验设计

对于尺寸特大、结构复杂且难以进行理论计算的重要零件可采用模型实验设计。即把初步设计的零、部件或机器做成小模型或小尺寸样机，通过实验的手段对其各方面的特性进行检验，根据实验的结果进行逐步修改，从而达到完善。这种方法费时、昂贵，适用于特别重要的设计。

（五）机械零件设计的一般步骤

机械零件的设计大体要经过以下几个步骤。

（1）根据零件功能要求、工作环境等选定零件的类型。为此，必须对各种常用机械零件的类型、特点及适用范围有明确的了解，进行综合对比并正确选用。

（2）根据机器的工作要求，计算作用在零件上的载荷。

（3）分析零件在工作时可能出现的失效形式，确定其设计计算准则。

（4）根据零件的工作条件和对零件的特殊要求，选择合适的材料，并确定必要的热处理或其他处理方式。

（5）根据设计准则计算并确定零件的基本尺寸和主要参数。

（6）根据工艺性要求及标准化等原则进行零件的结构设计，确定其结构尺寸。

（7）结构设计完成后，必要时还应进行详细的校核计算，判断结构的合理性并适当修改结构设计。

（8）绘制零件的工作图，并写出计算说明书。

四、机械零件的摩擦、磨损和润滑

任何机械工作时，摩擦发生在两物体相互接触有挤压作用并发生相对运动或有相对运动趋势之处，是伴随机械运动的一种普遍现象。摩擦的主要危害是造成零件所受载荷增大、机器效率下降，磨损、发热及产生噪声。有资料介绍，世界上 1/3 ~ 1/2 的能源以各种形式消耗在摩擦上。磨损是构成摩擦副物体的接触表面材料在相对运动时产生不断丧失现象，它是机械零件失效的主要原因之一，据统计，80% 损坏零件由磨损造成，磨损一般不可避免。摩擦学是以研究相对运动、相互作用工程表面摩擦、磨损和润滑问题的一门边缘学科和技术。它研究固体之间、固体与液体或气体之间的界面相互作用。摩擦学的研究目的是指导机械及其系统的正确设计和使用，以节约能源和减少原材料消耗，提高机械产品的可靠性和寿命。国际公认现代的机械产品若不进行摩擦学设计，必然丧失市场竞争力。

（一）摩擦的种类及其性质

1.摩擦

摩擦是两相互接触的物体有相对运动或有相对运动趋势时接触处产生阻力的现象。相互摩擦的两物体称为摩擦副。因摩擦而产生的阻力称为摩擦力。一般用摩擦系数衡量摩擦力大小，常用库仑定律表达摩擦表面间滑动摩擦力、法向力和摩擦系数间的关系。摩擦通常对机器是有害的，但有时又是不可缺少的。人行走和汽车的行驶都要依靠摩擦力，带传动、摩擦离合器、制动器和摩擦焊等都是依靠摩擦来工作的。

2.摩擦的分类

为了便于分析问题，将摩擦分为不同的类型。

摩擦有多种分类方法，发生在物体内部的摩擦称为内摩擦，发生在两接触物体接触表面处的摩擦称为外摩擦。按构成摩擦副的两物体的相对运动形式，摩擦分为滚动摩擦和滑动摩擦。若构成摩擦副的两物体的相对运动是滚动和滑动的叠加，就构成滑动滚动摩擦，属复合方式的摩擦。滚动摩擦系数一般较小。相互接触的两物体有相对运动趋势并处于静止临界状态时的摩擦称为静摩擦，相互接触两物体超过静止临界状态时的摩擦称为动摩擦。动

摩擦力一般小于静摩擦力。按摩擦表面的润滑状态分类，摩擦分为干摩擦、边界摩擦、流体摩擦和混合摩擦。从润滑角度来看，边界摩擦、流体摩擦、混合摩擦状态又可以称为边界润滑、流体润滑和混合润滑。

接触区域的摩擦和磨损性能主要决定于实际的摩擦状态。

（1）干摩擦。干摩擦的接触表面间不存在任何润滑物质。这种状态在工程当中几乎不可能出现，因为一般在表面上至少会有反应层（例外：真空环境中），表面上各种原因造成的污染膜，如氧化物，都可以认为是润滑物质。一般的干摩擦是指摩擦表面没有人为加入润滑剂的摩擦。

在摩擦过程中，摩擦表面发生许多复杂的机械、物理、化学过程，如表面间的相互作用和周围气体分子在表面上的吸附，以及表面的氧化、材料结构的变化等，使表面上的摩擦具有极其复杂的性质。在摩擦学里介绍了各种摩擦理论，总结了人们从不同角度对干摩擦机理的认识，有兴趣的读者可以参阅摩擦学方面的著作。

（2）边界摩擦。摩擦表面仅存在极薄的边界膜时的摩擦称为边界摩擦。边界膜是指润滑油与摩擦表面材料的吸附作用形成的物理吸附膜、化学吸附膜和发生化学反应形成反应膜。边界膜厚度一般小于 $0.1\mu m$。边界摩擦的摩擦系数较大，为 $0.1\sim0.3$；由于边界膜的厚度远小于两表面粗糙度之和，少量磨损是不可避免的。边界摩擦的润滑效果与润滑剂黏度无关，取决于边界膜结构和边界膜与摩擦表面结合的强度。

由于润滑剂中的（或人为加入的）有机极性物质的存在，润滑油在摩擦表面形成吸附膜的能力称为油性。纯的矿物油一般不含极性物质，通常做油性添加剂的有高级脂肪酸、酯和醇及金属皂。动植物油的吸附能力也很好，但是稳定性差。温度升高到临界温度（物理吸附膜约为 $100℃$，化学吸附膜通常为 $200℃$ 左右）时，吸附膜将破裂（脱落）。含有硫、磷、氯等元素的化合物（如氯化石蜡、硫化脂肪、磷酸酯），它们能在高温高压的条件下与金属表面发生化学反应，生成硫化铁、氯化铁、磷酸铁等比铁的剪切强度低的化合物，即反应膜，其主要作用是防止重载、高速、高温下的胶合磨损。

（3）流体摩擦。摩擦表面被流体层（液体或气体）完全分隔开，摩擦发生在流体内部，这种摩擦称为流体摩擦，称这个流体层为流体润滑膜。流体摩擦的性质取决于流体的内部摩擦力，摩擦系数非常小，为 $0.001\sim0.01$。由

于发生相对运动的物体上受有载荷，如外载荷、重力等，所以流体润滑膜必须具有足够的压力以承受载荷，把摩擦表面微微隔开。

（4）混合摩擦。摩擦表面同时存在干摩擦、边界摩擦和流体摩擦的摩擦状态称为混合摩擦。这是在机械中常出现的一种摩擦状态。

德国科学家 Stribeck 对滚动轴承和滑动轴承进行了试验，测出了滑动轴承在各种摩擦状态下的摩擦系数与流体黏度、相对滑动速度、单位面积上的载荷之间的关系。表示摩擦表面间摩擦系数与润滑油黏度、表面滑动速度和法向载荷之间函数关系的曲线被称为摩擦特性曲线，即 Stribeck 曲线。该曲线表明干摩擦、边界摩擦和流体动力摩擦这三种摩擦状态是随某些参数的改变而相互转化的。当其他工作条件不变时，改变相对滑动速度或润滑油黏度，摩擦系数会随之变化。

3. 影响摩擦的主要因素

如前所述，摩擦是两摩擦表面物体有相对运动或有相对运动趋势时接触处产生阻力的现象。机械设计师应该对影响摩擦的主要因素有一个比较全面的了解，以保证摩擦力在计划范围之内。影响摩擦力的主要因素：摩擦副所用材料、润滑状态、法向力、滑动速度、表面粗糙度、表面洁净度、工作温度、静止接触的持续时间等。

（1）摩擦副材料。工程中，摩擦副多处于混合摩擦状态，两相对运动物体不可避免存在直接接触，其摩擦系数与摩擦副所用材料有关。根据摩擦学理论，黏着作用产生的摩擦系数与结点的剪切强度相关，微凸体压入的啮合作用产生的摩擦系数与材料剪切强度和材料硬度等相关。摩擦副的摩擦系数与摩擦副材料是否容易黏着有关。一般来讲，相同材料（成分、组织和结构相同）的摩擦副容易黏着，摩擦系数较大。塑性材料的摩擦副比脆性材料的摩擦副易发生黏着。

（2）摩擦表面的润滑状态。在摩擦表面加入润滑剂，一般会使摩擦系数显著下降；摩擦副处于不同的润滑状态（摩擦状态），摩擦系数的大小不同。良好的润滑，对减少摩擦阻力、提高机器效率及减少摩擦发热、摩擦噪声和磨损非常重要。特别是在高速、重载条件下的设备，润滑状态更不容忽视。像摩擦型带传动等依靠摩擦力工作的场合不需要加润滑剂。

（3）表面膜的影响。在边界摩擦状态时，润滑油的动压效果和润滑油的

流变性能对摩擦的影响极其微小,摩擦表面靠得很近,摩擦表面微凸起之间有更多的接触,主要是边界膜在起润滑作用。选用油性好的润滑剂或在润滑油中加入含有硫、磷、氯等元素的添加剂,可以形成有效的边界膜。边界膜的润滑作用在某些难以保证油楔存在的场合,如螺纹副、启动停车频繁、摆动等,是十分重要的。

(4)零件的表面粗糙度。任何固体表面,即使经过最仔细的加工,也会存在无数个任意分散的凹凸不平点,不可能是绝对平整光滑的,实际几何形状和理想几何形状总有差别。零件表面的真实几何形状是由表面形状偏差、表面波纹度和表面粗糙度三部分组成的。

表面上微凸体的相互作用是摩擦和磨损分析与计算的出发点和依据。

当表面粗糙度很小的情况下,由于表面间存在很大的分子力作用,造成较大的摩擦力;随着表面粗糙度的增大,实际接触面积减小,分子力作用减弱,摩擦系数下降;当表面粗糙度继续增大时,由于微凸体的作用增大而使摩擦力增大。

(二)磨损

1. 磨损及其分类

(1)磨损。磨损是相互接触的物体表面材料在相对运动中发生的不断损耗现象,是影响机械寿命的主要因素。磨损过程相当复杂,人们对磨损机理的认识还有待深入。磨损不但是机械零件的一种失效形式,还是造成其他后来失效的原因。磨损碎屑在摩擦表面间成为磨料,造成磨料磨损、润滑油的污染和油路的堵塞。磨损还引起零件配合间隙加大,导致机械振动、冲击的增加,使机械性能下降、零件所受载荷增大,加剧磨损,严重时使机械丧失工作能力或破坏。在一般情况下,机器设备中的磨损是不可避免的。只要在规定寿命期限内磨损量不超过许用值,磨损便属于正常磨损。磨损量可以用重量或尺寸等来衡量。一般称单位时间或单位行程内的磨损量为磨损率。

(2)磨损不都是有害的,如磨合、磨削、抛光等是受控的磨损过程。目前,被普遍接受的磨损分类方法是根据不同的磨损机理来分类的。

①磨粒磨损。来源于外界的硬颗粒或摩擦表面上的硬突起在摩擦表面相对运动时引起的表面材料损耗现象,称为磨粒磨损。磨粒磨损的机理主要

是磨粒的犁沟作用，一般将造成摩擦表面沿滑动方向的刻痕。磨粒磨损是最普遍的磨损形式，如机床导轨由于切屑引起的磨损。磨粒磨损造成的损失约占整个磨损损失的50%。材料相对磨粒的硬度和载荷的大小是影响磨粒磨损的重要因素。

②黏着磨损。摩擦表面的实际接触面积只占摩擦表面面积的极小部分，接触峰点压力极高。一般认为在一定压力和温度条件下，摩擦表面的实际接触峰点将发生黏着。在摩擦表面连续的相对滑动过程中，接触峰点发生黏着，黏着点被破坏，又发生新的黏着，同时伴随着表面材料的转移，这种过程称为粘着磨损。严重的黏着磨损会导致摩擦副咬死，不能进行相对运动。黏着磨损又称为胶合磨损。

③表面疲劳磨损。对于齿轮传动、滚动轴承等零部件，工作时，摩擦表面发生相对滚动或滚动兼有滑动，其接触区域表面材料受到循环变化的接触应力作用，经过一定的应力循环次数，零件表面材料发生疲劳剥落形成微小凹坑，称此现象为表面疲劳磨损。应避免零件因表面疲劳凹坑的恶性发展而失效。

④腐蚀磨损。在摩擦过程中，金属与周围介质发生化学或电化学反应，由于摩擦表面的机械作用使化学或电化学生成物质脱离表面，这种现象称为腐蚀磨损。腐蚀磨损与腐蚀有关系，但存在明显不同。

机械设备零件表面的实际磨损，通常是几种磨损形式并存的。还要注意，一种磨损的发生会诱发其他形式的磨损，例如，疲劳磨损的磨屑将可能导致磨粒磨损。在某些情况下，机械零件上还发生微动磨损、气蚀磨损。

2. 提高机械零件耐磨性的主要措施

（1）保证良好的润滑条件。毫无疑问，良好的润滑条件是减小磨损的重要途径。根据摩擦的分类，我们知道，摩擦副处于液体润滑状态时，摩擦系数最小、磨损也很小。实现液体润滑的关键是在摩擦表面间有润滑油膜，其压力要足够大，以承受载荷，保证摩擦表面被润滑膜隔开。由于实现液体润滑需要一定的条件或专门的装置（油泵等），并不是所有场合都适于通过设计保证液体润滑。例如，螺旋副、载荷过大、启动停车过于频繁和速度过低，以及在载荷和速度很低、磨损程度极小时，一般不适于设计为液体润滑。此时，我们要保证摩擦副不能出现干摩擦，即保证要有可靠的边界油膜，防止

和减轻磨损。应该指出，在较高温度条件下，吸附膜的作用不大，主要是反应膜在起作用；在润滑油中的添加剂对提高吸附膜的强度和形成反应膜十分重要。

（2）选择适当的表面粗糙度。据研究报告，对于不同的磨损工况，表面粗糙度具有一个最优值，此时磨损量最小。磨损工况指摩擦副的载荷、滑动速度的大小、环境温度和润滑状况等。

（3）选择适当的材料和表面硬度。由于磨损是机械零件的主要失效形式，所以要把耐磨性作为选材的重要依据。并不是材料的硬度越高耐磨性就越好，从耐磨性选材，要综合考虑材料的硬度、韧性、互溶性、耐热性、耐腐蚀性等，还要考虑摩擦副材料的匹配。一般面接触的摩擦副用软硬材料搭配，点线接触的摩擦副用硬配硬的组合。对于磨粒磨损和接触疲劳磨损，一般提高硬度可以提高摩擦副的耐磨性；对于黏着磨损，应选择固态互溶性低的材料匹配以避免发生黏着。相同材料间容易黏着，如灰铸铁和灰铸铁；对于腐蚀磨损，要选择耐腐蚀的材料，材料表面形成的氧化膜与基体结合牢固、氧化膜韧性好、氧化膜组织致密时，耐腐蚀磨损的能力强，例如，含 Ni 和 Cr 的材料。

（三）流体动力润滑原理

在流体摩擦状态时，流体摩擦表面间的润滑膜必须具有足够的压力，以承受载荷，把摩擦表面微微隔开。依靠两摩擦表面相对速度形成压力润滑膜实现流体摩擦状态称为流体动力润滑。

下面简单介绍流体动力润滑的原理。

两相对运动的摩擦表面（设一个摩擦面固定）间由大到小变化的间隙（常称为油楔）中充满具有一定黏度的润滑油，且以足够大的速度 v 沿间隙由大到小的方向相对运动，贴近运动摩擦面的润滑油的速度 $u=v$，流体被泵进油楔中，液体是不可压缩的，最终在油楔中形成压力润滑膜，以平衡作用在轴承上的外载荷。雷诺方程是流体动力润滑的理论基础。

在流体动力润滑中，通常认为摩擦表面是刚性的，并且忽略压力对黏度的影响。这对于低副而言是比较符合实际情况的。对于像齿轮副、凸轮副这样的高副接触，接触区域最大压强可达 1000MPa 或以上，摩擦表面的变

形和压力对黏度的影响都是不能忽略的。考虑了摩擦表面的弹性变形和压力对黏度的影响因素的流体动力润滑称为弹性流体动力润滑。依靠外界供油装置（油泵）将具有一定压力的流体输送到摩擦表面间以形成压力润滑膜的润滑称为流体静力润滑，流体静力润滑不依赖摩擦表面的相对速度就能形成压力润滑膜。

（四）润滑和润滑剂

1. 润滑和润滑剂

润滑是在摩擦表面间人为加入润滑剂，以降低摩擦，避免或减轻磨损，润滑还可以起到防锈、减振和散热等作用。

润滑剂可以分为液体、气体、半固体（脂）和固体四大类。

（1）液体润滑剂。动植物油、矿物油、化学合成油都是液体润滑剂。动植物油由于含有较多的硬脂酸，吸附能力很好，但是稳定性差。矿物油的价格低廉、适用范围广、稳定性好，应用最多。化学合成油是通过化学合成的手段制成的润滑油，它能满足矿物油所不能满足的一些特殊要求，如高温、低温、重载和高速等，一般应用于特殊场合，价格较高。

润滑油的性能指标主要有黏度、油性、极压性、闪点、凝点等。

①黏度。黏度标志着流体内摩擦阻力的大小，黏度大则表示流体抵抗剪切变形的能力大。

润滑油黏度选择的基本原则：载荷越大，黏度应越大；相对速度越高，黏度应越小。

②油性。油性指润滑油中的极性分子与金属表面吸附形成边界油膜、减小摩擦和磨损的能力。动、植物油的油性一般好于矿物油。在低速、重载的情况下，一般都是边界润滑，油性就有特别重要的意义。

③凝点。凝点是指润滑油在规定条件下，被冷却的试样油面不再移动时的最高温度，以℃表示，是用来衡量润滑油低温流动性的常规指标，现在国际通用倾点。倾点是指油品在规定的试验条件下，被冷却的试样能够流动的最低温度。同一油品的倾点比凝点略高几摄氏度。

④闪点和燃点。蒸发的油气，一遇火焰即能闪光时的最低温度，称为油的闪点。闪光时间长达 5s 时的油温称为燃点。闪点是表示油蒸发倾向和

安全性质的指标，高温工作时应选闪点较高的润滑油。

⑤极压性。润滑油的极压性是指加入含硫、磷、氯的有机极性化合物（极压添加剂）后，在金属表面生成抗腐、耐高压化学反应边界膜的性能。良好的极压性可保证在重载、高速、高温条件下形成可靠的反应油膜，减小摩擦和磨损。

⑥氧化稳定性。氧化稳定性指防止高温下润滑油氧化生成酸性物质，从而影响润滑油的性能并腐蚀金属的性能。

润滑油添加剂是一些化学物质，将其以相对少量加入润滑油基础油中，以改善润滑油的某些性质和使用性能，甚至赋予润滑油基础油原来并不具备的性质。润滑油添加剂的作用主要在三方面：a. 减小金属零件的摩擦、腐蚀和磨损；b. 抑制发动机运转时部件内部油泥等的形成；c. 改善基础油的物理性质。润滑油添加剂主要有金属清净剂、抗氧化剂、黏度指数改进剂、降凝剂、极压添加剂、油性添加剂等。添加剂可以单独加入油中，也可将所需各种添加剂复合使用。润滑油添加剂的使用，不仅满足了各种新型机械和发动机的要求，而且延长了润滑油的使用寿命，使润滑油的需求量在石油产品中的比重减少。

（2）润滑脂。润滑脂是通过润滑油加入稠化剂在高温下混合而成的，俗称黄油。润滑脂中，润滑油是主要构成成分。稠化剂的作用是减少润滑油的流动性，以便润滑或在难以储存润滑油的地方长期保持润滑剂。润滑脂还有良好的密封性、耐压性和缓冲性等优点。类似在润滑油中加入添加剂，在润滑脂中也可以加入添加剂，如石墨、二硫化钼（提高抗磨耐压作用）。

润滑脂常按其中所用的稠化剂种类划分，如钙基润滑脂、钠基润滑脂和锂基润滑脂等。钙基润滑脂耐水不耐高温，钠基润滑脂耐高温不耐水，锂基润滑脂既耐水又耐高温，用途广泛。给滚动轴承润滑，使用润滑脂较多。

润滑脂的主要性能指标：

①针入度。针入度是反映润滑脂软硬程度的指标。硬的润滑脂耐高压，但运动阻力大，流动性差。选择润滑脂首先注意稠化剂种类，其次就是根据针入度来选择。针入度不等于黏度，润滑脂的黏度主要取决于基础润滑油。

②滴点。在规定条件下加热，润滑脂在特制的杯中滴下第一滴润滑脂时的温度称为润滑脂的滴点，它反映润滑脂的耐高温性能，润滑脂的工作温

度应低于滴点 20℃～30℃。钙基润滑脂的滴点 75℃～95℃，钠基润滑脂则 130℃～200℃。

润滑脂的资料可以查阅有关手册或生产厂家有关资料。

（3）固体润滑剂。固体润滑是指利用固体粉末、薄膜或整体材料来减少摩擦表面的摩擦与磨损。固体润滑应用于高温、高负荷、超低温、超高真空等许多特殊、严酷工况条件下，如航天、航空、原子能工业和桥梁支承部等。固体润滑剂作为极压、抗磨添加剂配制的润滑油、脂或膏，已成为标准商品出售。可以使用一定特性的材料直接制成零部件来使用，如石墨电刷、宝石轴承等。

固体润滑剂有石墨、聚四氟乙烯、材料为 Au 等及其合金的金属薄膜。

2. 润滑方法及装置

保证机械设备或装置运转时润滑油或润滑脂的供应是十分重要的。润滑油的供油方式与零件在工作时所处的润滑状态有密切的关系。

（1）油润滑。对于轻载、低速、不连续运转等需油量不大的机械，一般采用定期加油、滴油润滑。对速度较高、载荷较大的机械，一般要采用油浴、油环、飞溅润滑或压力供油润滑。高速、轻载机械零件如滚动轴承，采用喷雾润滑。高速重载的重要零件，要采用压力供油润滑。典型零件的润滑可以参考相应章节或有关资料选择。

①人工加油润滑。人工加油润滑的最简单方法是，用油壶、油枪直接向通向需要润滑零件的油孔中注油，也可以在油孔处装设油环，油环的作用是贮油和防止外界灰尘等进入。

②滴油润滑和油绳润滑。滴油润滑：如针阀式油杯，这种注油杯的滴油量受针阀的控制，油杯中油位的高低可直接影响通过针阀间隙的滴油量，停车时可以扳倒手柄以关闭针阀，停止供油。油绳润滑：主要使用油绳，应用虹吸管和毛细管作用吸油。所使用油的黏度应较低，油绳有一定过滤作用，毛绳不能和所润滑的表面接触。

针阀式油杯和油绳油杯都可以做到连续滴油润滑。

③油环、油链润滑。在轴上挂一油环，环的下部浸在油池内，利用轴转动时的摩擦力，把油环也带着旋转，将浸在油池中的润滑油带到轴颈上润滑摩擦表面。轴应无冲击振动，转速不易过高。油环或油链润滑只能用于水平

安装的轴。

④浸油润滑和飞溅润滑。浸油润滑和飞溅润滑主要用于闭式齿轮箱、链条和内燃机等。

浸油润滑是将需要润滑的零件（如齿轮、凸轮、滚动轴承等）一部分直接浸入专门设计的油池中，零件转动时将润滑油带到润滑部位。

飞溅润滑是具有一定转速、部分浸在油池中的旋转零件（如齿轮等）将润滑油飞溅起油星以润滑轴承等零件。旋转零件的线速度不高于 12.5m/s。

⑤油雾润滑。油雾润滑是以压缩空气为动力，使润滑油雾化，经管道输送到润滑部位，压缩空气和少量的油雾粒子经密封间隙或排气孔排到大气中。油雾润滑适用于齿轮、蜗轮、链和滚动轴承的润滑，如冶金设备中大型、高速、重载的滚动轴承的润滑。油雾润滑的主要优点有：润滑效果均匀，流动的压缩空气有良好的散热作用。油雾润滑需要专门的油雾润滑装置产生并把油雾输送到润滑部位。

⑥压力供油润滑。压力供油润滑是指用油泵和管道将润滑油输送到润滑部位。压力供油润滑的主要优点：供油量充分，流动的润滑油可以带走摩擦热，还可以把摩擦表面的金属颗粒冲走并过滤掉。压力供油润滑系统可设计成向多点定量供油的集中供油润滑系统。压力供油润滑装置比较复杂，必须保证其可靠工作，否则可能造成严重后果。

（2）脂润滑。润滑脂可以间歇润滑，也可以连续润滑。比较常见的是用旋盖式油杯。当旋转杯盖时，油杯内的润滑脂被挤入润滑部位，属间歇润滑，也可用黄油枪加脂。

第二节　部件

一、联轴器

联轴器的功用是用来联接不同机构中的两根轴（主动轴和从动轴）使之共同旋转以传递扭矩的机械零件。联轴器由三部分组成，即两个半联轴器和一个中间连接件。两个半联轴器分别与主动轴和从动轴连接。联轴器大致可以分为刚性联轴器和挠性联轴器。

（一）刚性联轴器

刚性联轴器对被联两轴轴线相对偏移不具有补偿的能力，也不具有缓冲减振性能，但结构简单，价格便宜。所以只有在载荷平稳，转速稳定，并且能保证被联两轴轴线严格对中的情况下，才可选用刚性联轴器。

较为典型的刚性联轴器是凸缘联轴器和套筒联轴器。凸缘联轴器利用螺栓连接两个凸缘。套筒联轴器利用两个键和三个键槽（套筒内壁、左轴端键槽、右轴端键槽）的配合完成连接。

（二）挠性联轴器

挠性联轴器较为典型的有万向节联轴器和弹性柱销联轴器。万向节联轴器具有一个万向节头，允许两轴轴线不必严格对中，允许有夹角，但是不具有减振性能。弹性柱销联轴器外形上类似于凸缘联轴器，通过使用弹性尼龙柱销将两个半联轴器联结起来，具有补偿被联两轴轴线不对中和减振能力。

二、减速器

减速器在原动机和工作机或执行机构之间起匹配转速和传递转矩的作用，在现代机械中应用极为广泛。减速器按用途可分为通用减速器和专用减速器两大类，两者的设计、制造和使用特点各不相同。世界上减速器技术有了很大的发展，且与新技术革命的发展紧密结合。减速器是一种相对精密的机械，使用它的目的是降低转速，增加转矩。减速器主要由传动零件（齿轮或蜗杆）、轴、轴承，箱体及其附件所组成。

三、电机转子

电机转子也是电机中的旋转部件。电机由转子和定子两部分组成，它是用来实现电能与机械能和机械能与电能的转换装置。电机转子分为内转子转动方式和外转子转动方式两种。内转子转动方式为电机中间的芯体为旋转体，输出扭矩（指电动机）或者输入能量（指发电机）。外转子转动方式即以电机外体为旋转体，不同的方式方便了各种场合的应用。

第三节　设备

一、车床

普通车床由床头箱（主轴箱）、进给箱、溜板箱、挂轮箱、卡盘、刀架、尾座、床身、床腿、丝杠和光杠组成。床腿固定安装在地基上。床身固定在床腿上，保证各个部件的相对位置精度，其上有丝杠、光杠和控制主轴正反转和停止的操作手柄。主轴箱固定在机床床身的左侧，箱内装有带动卡盘旋转的主轴和调节转速的变速装置。进给箱位于机床床身的左前方，通过进给箱可以变换被加工螺纹的种类和导程，并控制纵向和横向的自动前进量。挂轮箱位于主轴箱和进给箱的左侧，是一套齿轮机构。挂轮箱的作用是将经过组合的运动传递给进给箱，实现不同类型的螺纹加工。溜板箱位于车床床身下部，它能够将丝杠或者光杠传来的旋转运动变为直线运动，并带动溜板做进给运动。刀架和溜板均安装在床身导轨上。刀架用来安装车刀，溜板能够带动刀架做横向、纵向和斜向的进给运动。大溜板上的手轮每转动一周，刀架横向进给 0.05mm；小溜板上的手轮每转动一周，刀架纵向进给 0.02mm。尾座位于床身导轨的尾部，可以安装成型刀具、顶尖和辅具。卡盘（大盘）与主轴固联，用以装卡被加工工件。

车床可以完成加工内外圆柱面、内外圆锥面、内外螺纹、端面、镗孔和钻孔等工艺。

二、金属带锯机

金属带锯机用于切割金属和塑料件。金属带锯机由张紧装置、带锯条导向器、床身、控制箱、手柄、固定虎钳、可动虎钳、横梁、倾斜支架组成。床身起到支撑上述其他部分的作用，主传动系统也放置在床身内部。虎钳安装在床身上，工件定位在左右虎钳之间并锁紧。倾斜支架固定在床身上。上半部安装在倾斜支架上。通过调节倾角，方便切削不同大小截面的工件。旋动手柄使得张紧装置拉紧锯条，增加锯条的刚性，便于切削。锯条导向器一端和横梁连接，起到导向作用同时还能够增强锯条的刚性，使得切削更平稳。带锯条细长且成环形，一侧有锋利的齿，由主动轮和惰轮驱动。通

过调节变速装置改变带锯条的运动速度，可以锯不同硬度和厚薄的工件。

三、万能升降台铣床

万能升降台铣床有底座、床身、悬梁、刀杆支架、主轴、工作台、床鞍、升降台及回转台组成。床身固定在底座上，用以安装和支撑其他部件。床身内部安装有主轴部件、主变速传动装置及变速操纵机构。悬梁安装在床身顶部，并可以调整前后位置。悬梁上的刀杆支架用以支撑刀杆，提高刚性。升降台安装在床身前侧面的垂直导轨上，可以上下移动。升降台的水平导轨上安装有床鞍。床鞍可以沿着主轴方向横向运动。床鞍上安装有回转台，回转台上面安装有工作台，工作台可以平移。因此，工作台不仅能够沿垂直主轴轴线方向进行移动，还能利用转盘转动，绕垂直轴线在范围内调整角度，以方便铣削螺旋表面。

四、牛头刨床

牛头刨床主要用于加工中小型零件。机床的主要运动机构安装在床身内，驱动滑枕沿床身顶部的水平导轨做往复直线运动。刀架跟随滑枕做直线往复运动。刀架可以沿刀架座上的导轨垂直移动，以调整刨削厚度。调整转盘，使得刀架可以左右转动一定角度，方便加工斜面或者斜槽。加工时，工作台带动工件沿横梁做横向运动，以完成整个表面的加工。横梁则可以沿床身的垂直导轨上下移动，以调整工件和刨刀的相对位置。

五、摇臂钻床

摇臂钻床主要组成部件有底座、立柱、摇臂、主轴箱等。工件和夹具可以安装在底座或者工作台上。立柱为双层结构，内立柱安装在底座上，外立柱可以绕内立柱转动，并可带动夹紧在其上的摇臂转动。主轴箱可在摇臂水平导轨上移动。通过摇臂和主轴箱的上述运动，可以方便地在一个扇形面内调整主轴到被加工孔的位置。摇臂沿着立柱上下移动，可以调整主轴箱和刀具的高度。钻头锁紧在钻夹中，钻夹固定在空心主轴中。

六、数控铣床

数控铣床（Computer Numerically Control，CNC）是在普通铣床的基础上发展起来的，两者的加工工艺基本相同，结构也有些相似，但数控铣床不是依靠手工操作而是靠人操作控制面板上的方向键和数字键或者由计算机辅助软件生成的指令控制的自动加工机床，所以其结构也与普通铣床有很大区别。

数控铣床一般由数控系统、主传动系统、进给伺服系统、冷却润滑系统等几大部分组成。数控铣床可以分为立式数控铣床、卧式数控铣床和立卧两用数控铣床。立式数控铣床主轴轴线垂直于水平面。立式铣床应用范围很广，占据了数控铣床的大多数。一般进行三轴、四轴和五轴联动，以完成复杂曲面的加工。

数控铣床可以用于钻孔、镗孔、攻螺纹、轮廓铣削、平面铣削、空间三维复杂型面的铣削。在数控铣床的基础上，衍生出加工中心和柔性制造系统。主轴箱包括主轴箱体和主轴传动系统，用于装夹刀具并带动刀具旋转。控制面板用于生成控制指令，执行数控加工程序，控制机床进行加工。冷却系统和除屑、防护装置属于辅助部分。床身和立柱是整个机床的基础和框架，是基础件。

七、加工中心

加工中心是指备有刀库、具有自动换刀功能，对工件一次装夹后进行多工序加工的数控机床。它主要用于箱体类零件和复杂曲面零件的加工，能进行铣、镗、钻、攻丝等工序。

加工中心是高度机电一体化的产品，工件装夹后，数控系统能控制机床按不同工序自动选择、更换刀具、自动对刀、自动改变主轴转速、进给量等，可连续完成钻、镗、铣、铰、攻丝等多种工序。因而大大减少了工件装夹时间，测量和机床调整等辅助工序时间，对加工形状比较复杂，精度要求较高，品种更换频繁的零件具有良好的经济效益。

加工中心大致有两大类：立式加工中心和卧式加工中心。立式加工中心是指主轴轴线与工作台垂直设置的加工中心，主要适用于加工板类、盘类模具及小型壳体类复杂零件。卧式加工中心适用于加工各种箱体、模具、板类

等复杂零件，一次装夹后自动地连续完成铣、镗、钻、铰、攻丝及二维、三维曲面和斜面多种工序精密加工。

与普通数控机床相比，它具有以下几个突出特点。

（一）工序集中

加工中心备有刀库并能自动更换刀具，对工件进行多工序加工，使得工件在一次装夹后，数控系统能控制机床按不同工序自动选择和更换刀具，自动改变机床主轴转速、进给量和刀具相对工件的运动轨迹，以及其他辅助功能，现代加工中心能更大程度地使工件在一次装夹后实现多表面、多工位的连续、高效、高精度加工，即工序集中。这是加工中心最突出的特点。

（二）对加工对象的适应性强

加工中心生产的柔性不仅体现在对特殊要求的快速反应上，而且可以快速实现批量生产，提高市场竞争力。

（三）加工精度高

加工中心同其他数控机床一样具有加工精度高的特点，而且由于工序集中，避免了长工艺流程，减少了人为干扰，故加工精度更高，加工质量更加稳定。

（四）加工生产率高

加工中带有刀库和自动换刀装置，可减少工件装夹，测量和机床的调整时间，减少了工件半成品的周转、搬运和存放时间。

（五）经济效益高

使用加工中心加工零件时，分摊在每个零件上的设备费用是较高昂的，但在单件、小批量生产的情况下，可以节省许多其他方面的费用，因此能获得良好的经济效益。另外，由于加工中心加工零件不需手工制作模型、凸轮及其他工夹具，省去了许多工艺装备，减少了硬件投资，还由于加工中心的质量稳定，减少了废品率，使生产成本进一步下降。

（六）有利于生产管理的现代化

用加工中心加工零件，能够准确地计算零件的加工工时，并有效地简化了检验和工夹具、半成品的管理工作。这些特点有利于使生产管理现代化。

与机器人的联合应用是加工中心的一个新的发展趋势，加工中心上下料由安装在地面上的机器人完成并负责取件、装夹、卸件，加工中心的自动化程度进一步提高，同时节省了大量的劳动力。特别适合在恶劣环境以及高危场合中应用。总之，加工中心是多功能、高精度的数控机床，是典型的集高新技术于一体的机械加工设备。它的发展代表了一个国家设计、制造的水平，因此国内外企业界都高度重视。如今，加工中心已成为现代机床发展的主流方向，广泛应用于机械制造中。

第二章 机械工程先进制造技术

第一节 先进制造技术概述

一、先进制造技术的概念和特点

（一）先进制造技术的定义

先进制造技术（Advanced Manufacturing Technology，AMT）是美国于20世纪80年代末提出的，根本原因在于其国家竞争力不断减弱、贸易逆差过大，许多原来占优势的产品都在竞争中败于日本。为此，美国政府和企业界投入了大量的资金进行研究，得出这样的结论：经济的竞争力归根到底是制造技术和制造能力的竞争；振兴美国经济的出路在于振兴美国的制造业。为此，美国成立各层次、级别的 AMT 协调、推广、应用研究中心，总结并提出了一系列先进制造技术的新理论。这些战略在短短几年内就收到了良好的效果，美国重新夺回部分被日本占领的市场。"先进制造技术"这个专有名词一经提出，立即获得欧洲各国及亚洲新兴工业化国家的响应。

先进制造技术是一个相对、动态的概念，是为了适应时代要求，提高竞争能力，对制造技术不断优化所形成的。虽然目前对先进制造技术仍没有一个明确、一致的定义，但经过对其内涵和特征的分析研究，可以定义为"先进制造技术是制造业不断吸收机械、电子、信息（计算机与通信、控制理论、人工智能等）、能源及现代系统管理等方面的成果，并将其综合应用于产品设计、制造、检测、管理、销售、使用、服务乃至回收的全过程，以实现优质、高效、低耗、清洁、灵活生产，提高对动态多变的产品市场的适应能力和竞争能力的制造技术的总称"。

(二) 先进制造技术的特点

1. 系统性

由于计算机技术、信息技术、传感技术、自动化技术、先进管理技术等的引入，并与传统制造技术的结合，使先进制造技术成为一个能够驾驭生产过程中的物质流、信息流和能量流的系统工程；而传统制造技术一般只能驾驭生产过程中的物质流和能量流。

2. 广泛性

传统制造技术通常只是指将原材料变为成品的各种加工工艺；而先进制造技术则贯穿于从产品设计、加工制造到产品销售及使用维护的整个过程，成为"市场—设计开发—加工制造—市场"的大系统。

3. 集成性

传统制造技术的学科专业单一、独立，相互间界限分明；而先进制造技术由于专业和学科间的不断渗透、交叉、融合，其界限逐渐淡化甚至消失，技术趋于系统化、集成化，已发展成为集机械、电子、信息、材料和管理技术为一体的新型交叉学科——制造系统工程。

4. 动态性

先进制造技术是针对一定的应用目标，不断吸收各种高新技术逐渐形成和发展起来的新技术，因而其内涵不是绝对的和一成不变的。反映在不同的时期、不同的国家和地区，先进制造技术有其自身不同的特点、重点、目标和内容。

5. 实用性

先进制造技术的发展是针对某一具体的制造需求而发展起来的先进、实用的技术，有着明确的需求导向。先进制造技术不是以追求技术的高新度为目的，而是注重产生最好的实践效果，以促进国家经济的快速增长和提高企业综合竞争力。

二、先进制造技术的体系结构

美国联邦科学、工程和技术协调委员会（FCCSET）下属的工业和技术委员会先进制造技术工作组提出将先进制造技术分为三个技术群：主体技术

群、支撑技术群、制造技术环境。这三个技术群相互联系、相互促进，组成一个完整的体系。

第二节　分层制造

一、概述

分层制造（Layered Manufacturing, LM）是 20 世纪末出现的一次制造技术突破性的创新，其影响与作用可与 20 世纪 50 年代另一项突破性制造技术创新——数控加工技术媲美。

分层制造的名称众多，如生长型制造（Material Increase Manufacturing, MIM）、增材制造（Material Additive Manufacturing, MAM）、快速原型制造（Rapid Prototyping and Manufacturing, RPM 或 RP&M）等。目前，分层制造技术的实现方法有数十种，不仅只用来制造原型，而且可以制造工业直接使用的零件，是一个迅速发展的技术门类，用"分层制造"这一称谓更为合理。

分层制造方法有多种，每一种分别有各自的特点，它们对设备、造型原料等的要求不尽相同，生成的实体零件用途也有差异。与传统的加工方法相比，分层制造技术具有以下共同特点和优点。

（1）与传统的加工方法相比，分层制造只需要几小时到几十小时，大型的较复杂的零件只需要上百小时即可完成。分层制造技术与其他制造技术集成后，新产品开发的时间和费用将节约 10%～50%。

（2）产品的单价几乎与产品批量无关，特别适用于新产品的开发和单件小批量生产。

（3）产品的造价几乎与产品的复杂性无关，这是传统的制造方法所无法比拟的。

（4）制造过程可实现完全数字化。

（5）分层制造技术与传统的制造技术（如铸造、粉末冶金、冲压、模压成型、喷射成型、焊接等）相结合，为传统的制造方法注入了新的活力。

（6）可实现零件的净形化（少无切削余量）。

（7）不需金属模具即可获得零件，这使得生产装备的柔性大大提高。

（8）具有发展的可持续性，分层制造技术中的剩余材料可继续使用，有些使用过的材料经过处理后可循环使用，对原材料的利用率大为提高。

二、分层制造原理

当设计者欲设计制造某个产品（零件），首先利用 CAD 软件在计算机上设计出三维模型，再将三维模型用平面切成一定厚薄的薄片；为了便于求取二维薄层的廓形，将三维模型的外表面用三角面片进行离散化，对切平面与三角形面片两个平面求交，交点较易求取；选择合适的零件材料与加工方法，在数控技术辅助下，制造出二维薄层的实物，当一薄层制备完毕后，在数控技术辅助下，完成相继层的二维制造，并实现两相继层的连接。如此循环，至三维形状零件制造完成为止。

分层制造是一种将三维制造转化成二维制造的技术，是一种将整体制造转化成分层制造的技术，是制造理论上的突破，它将复杂问题简单化，可实现"一天制造"（在 24h 内，实现从设计到实物制造完成的全过程）的目标，快速响应市场需求。

分层制造过程由三部分构成：计算机辅助设计部分、计算机辅助制造部分与后处理部分。通过计算机辅助设计完成零件三维设计、零件离散化处理，对某些分层工艺要求的支撑结构设计等，通过计算机辅助制造完成平面廓形的生成和扫描路径的规划与控制，然后控制计算机数控系统完成二维薄层的制造，后处理部分用于三维零件的某些处理与清理。

分层制造是多学科集成创新的成果，它综合了计算机技术、计算机数控技术、材料科学与技术、能源技术等技术，创造出了种类众多的分层制造技术。

三、几种典型的分层制造工艺

根据二维薄层的成型工艺方法不同，可对分层制造技术进行分类。商品化的典型分层制造工艺有如下四种。

（一）立体光刻法

立体光刻的工艺是使用液相光敏树脂为成型材料，采用氦镉（HeCd）激光器或氩（Ar）离子激光器，抑或固态（Solid）激光器，利用光固化原理一

层层扫描液相树脂成型。扫描系统由激光部件和反射镜构成，根据计算机指令 v 通过反射镜，控制激光束在 x-y 平面遵循切片轮廓，按一定填充模式扫描切片内部，使光敏树脂暴露在紫外激光下产生光聚合反应后固化，形成一个薄层截面。然后，通过计算机控制升降台移动，使固化层下降，再对其上面的液相层进行扫描，与前一层固化在一起。这样，通过控制激光 x-y 方向的水平运动和升降台的垂直运动将一层层的液相薄层扫描、固化后黏结在一起，直到零件制作完毕。激光器作为扫描固化成型的能源，其功率一般为 10～200MW，波长为 320～370nm（处于中紫外至近紫外波段）。

由于立体光刻所制造的零件采用的是树脂材料，故只能用作模型或原型，设计者通过对原型的观察很容易发现设计过程中的某些缺陷。

（二）分层实体制造

分层实体制造方法以纸、塑料薄膜或复合材料膜为材料，由送进机构的递进器和收集器将薄层材料送入工作平台，利用激光在加工平面上根据零件的截面形状进行切割，非零件部分切割成网格便于成型后去除废料，完毕后工作平台下降一个层的厚度，再由送进机构送入新的一层薄层材料，进行激光加工，并由热辐在每层加热加压粘紧。就这样一层层加工，最终完成实体模型。

该方法的优点：材料适应性强，可切割从纸、塑料到金属箔材、复合材料的各种材料；不需要支撑；零件内部应力小，不易翘曲变形；由于只是切割零件轮廓线，因而制造速度快；易于制造大型原型零件。其缺点是层间结合紧密性差。

（三）选择性激光烧结

选择性激光烧结（Selective Laser Sintering，SLS）方法是美国得克萨斯大学奥斯汀分校的 C.R.Deckard 于 1989 年首先研制出来的，同年获美国专利。选择性激光烧结的原理与立体光刻十分相似，主要区别在于所使用的材料及其性状。选择性激光烧结使用粉末状的材料，这是其主要的优点之一，因为理论上任何可熔的粉末都可以用来烧结成型。

目前，可用于选择性激光烧结的材料主要有四类：金属类、陶瓷类、塑料类、复合材料类。

选择性激光烧结是用 CO_2 激光束对粉末状的成型材料进行分层扫描，受到激光束照射的粉末被烧结。当一层被扫描烧结完毕后，工作台下降一层的高度，提供粉末的容器内活塞推动粉末上升，回收粉末容器内活塞下降，铺料滚筒将待烧结粉末推至烧结工作区，形成一层均匀密实的粉末层，多余的粉末被推入回收容器内。激光束一层一层地烧结，并将相继两层固化成实体，如此反复，直至完成整体烧结。在烧结过程中，未经烧结的粉末对原型的空腔和悬臂部分起着支撑作用，不必像立体光刻工艺那样另行设计支撑结构，而且未烧结的粉末可以重复用。

选择性激光烧结技术的应用范围很广，它是最有应用前景的分层制造技术。

(四) 熔化沉积造型

熔化沉积造型方法的特点是不使用激光，而是用电加热的方法加热材料丝。材料丝在喷嘴中加热变为黏性流体，这种连续黏性材料流通过喷嘴滴在基体上，经过自然冷却，形成固态薄层。从理论上来说，热熔材料都可以用来作熔化沉积造型的原材料。

熔化沉积造型方法对材料喷出和扫描速度有较高的要求，并且从喷出到固化的时间很短，温度不易把握。熔融温度以高于熔点温度 $1\,^{\circ}\!\mathrm{C}$ 较为合适。熔化沉积造型方法的优点是成本低 (由于不需激光器件)，速度快，可加工材料范围广泛。熔化沉积造型方法最先由 Stratasys 公司商品化。

第三节 精密和超精密加工技术

一、精密与超精密加工的概念

与普通精度加工相对而言，精密加工是指在一定的发展阶段，加工精度和表面质量达到较高程度的加工工艺，超精密加工则是指加工精度和表面质量达到最高程度的加工工艺。目前，精密加工一般指加工精度在 $0.1\,\mu\mathrm{m}$ 以下，表面粗糙度 $Ra<0.1\,\mu\mathrm{m}$ 的加工技术，超精密加工是加工精度可控制

到小于 0.01μm、表面粗糙度 $Ra<0.01$μm 的加工技术，也称为亚微米加工，并已发展到纳米加工的水平。

精密与超精密加工是现代制造技术的重要组成部分之一，是发展其他高新技术的基础和关键，已成为衡量一个国家制造业水平的重要标志。例如，陀螺仪质量和红外线探测器反射镜的加工精度直接影响导弹的引爆距离和命中率，1kg 的陀螺转子，如质量中心偏离其对称轴 0.0005μm，则会引起 100m 的射程误差和 50m 的轨道误差，红外线探测器抛物面反射镜要求形状精度为 1μm，表面粗糙度为 Ra0.01μm；喷气发动机转子的加工误差如从 60μm 降到 12μm，可使发动机的压缩效率从 89% 提高到 94%。

二、精密与超精密加工的方法及分类

根据加工成型的原理和特点，精密与超精密加工方法可分为去除加工（又称为分离加工，从工件上去除多余材料）、结合加工（加工过程中将不同材料结合在一起）和变形加工（又称为流动加工，利用力、热、分子运动等手段改变工件尺寸、形状和性能，加工过程中工件质量基本不变）。根据机理和使用能量，精密与超精密加工可分为力学加工（利用机械能去除材料）、物理加工（利用热能去除材料或使材料结合、变形）、化学和电化学加工（利用化学和电化学能去除材料或使材料结合、变形）和复合加工（上述加工方法的复合）。

精密与超精密加工方法很多，有些是传统加工方法的精化和提高，如精密切削和磨削；有些是特种加工方法，利用机、电、光、声、热、化学、磁、原子能等能量来进行加工；也有些是传统加工方法和特种加工方法的复合。下面主要介绍金刚石刀具超精密切削和精密、超精密磨削。

（一）金刚石刀具超精密切削

使用精密的单晶天然金刚石刀具加工有色金属和非金属，直接加工出超光滑的加工表面，粗糙度 $Ra=0.020\sim0.005$μm，加工精度 <0.01μm。主要应用于单件大型超精密零件和大量生产中的中小型超精密零件的切削加工，如陀螺仪、激光反射镜、天文望远镜的反射镜、红外反射镜和红外透镜、雷达的波导管内腔、计算机磁盘、激光打印机的多面棱镜、录像机的磁

头、复印机的硒鼓等。

金刚石刀具超精密切削也是金属切削的一种，当然也服从金属切削的普遍规律，但因是超微量切削，故其机理与一般切削有较大的差别，其难度比常规的大尺寸去除技术要大得多。超精密切削时，其背吃刀量可能小于晶粒的大小，切削在晶粒内进行，即把晶粒当成一个个不连续体进行切削，切削力一定要超过晶体内部原子、分子的结合力，刀刃上所承受的应力就急剧增加。而且刀具和工件表面微观的弹性变形和塑性变形随机，工艺系统的刚度和热变形对加工精度也有很大影响，再加上晶粒内部大约 $1\mu m$ 的间隙内就有一个位错缺陷等因素的影响，导致精度难以控制。因此，这已不再是单纯的技术方法，而是已发展成一门多学科交叉的综合性高新技术，成为精密与超精密加工系统工程。

1. 影响因素

在具体实施过程中，要综合考虑以下几方面因素才能取得令人满意的效果：

（1）加工机理与工艺方法；

（2）加工工艺装备；

（3）加工工具；

（4）工件材料；

（5）精密测量与误差补偿技术；

（6）加工工作环境、条件等。

2. 机床和刀具的要求

其中对机床和刀具需要提出不同于普通切削的要求。

超精密加工机床是超精密加工最重要、最基本的加工设备，对其应提出如下基本要求：

（1）高精度。包括高的静态精度和动态精度，如高的几何精度、定位精度和重复定位精度以及分辨率等。

（2）高刚度。包括高的静刚度和动刚度，除自身刚度外，还要考虑接触刚度以及工艺系统刚度。

（3）高稳定性。要具有良好的耐磨性、抗振性等，能够在规定的工作环境和使用过程中长时间保持精度。

（4）高自动化。采用数控系统实现自动化以保证加工质量的一致性，减少人为因素的影响。

3. 刀具性能

为实现超精密切削，刀具应具有如下性能：

（1）极高的硬度、耐磨性和弹性模量，以保证刀具有很高的尺寸耐用度。

（2）刃口能磨得极其锋锐，即刃口半径值极小，能实现超薄切削厚度。

（3）刀刃无缺陷，因切削时刃形将复制在被加工表面上，这样可得到超光滑的镜面。

（4）与工件材料的抗黏性好、化学亲和性小、摩擦系数低，以得到极好的加工表面完整性。

天然单晶金刚石是一种理想、不可替代的超精密切削刀具材料，不仅具有很高的高温强度和红硬性，而且导热性能好，和有色金属摩擦因素低，能磨出极其锋锐的刀刃等，因此能够进行 Ra0.050～0.008μm 的镜面切削。人造聚晶金刚石也可应用于超精密加工刀具，但其性能远不如天然金刚石。

金刚石刀具超精密切削是在高速、小背吃刀量、小进给量下进行，是高应力、高温切削，由于切屑极薄，切削速度高，不会波及工件内层，因此塑性变形小，可以获得高精度、低表面粗糙度值的加工表面。

同传统切削一样，金刚石刀具切削含碳铁金属材料时，因产生碳铁亲和作用而产生碳化磨损（扩散磨损），不仅易使刀具磨损，而且影响加工质量，所以不能用来加工黑色金属。

对于黑色金属、硬脆材料的精密与超精密加工，则主要是应用精密和超精密磨料加工，即利用细粒度的磨粒和微粉对黑色金属、硬脆材料等进行加工，以得到高加工精度和低表面粗糙度值。

（二）精密磨削

精密磨削主要靠砂轮的精细修整，使磨粒具有微刃性和等高性而实现的，精密磨削的机理可以归纳为：

1. 微刃的微切削作用

砂轮精细修整后，可得到微刃，相当于砂轮磨粒粒度变细，进行微量切削，形成小表面粗糙度值的表面。

2. 微刃的等高切削作用

分布在砂轮表层同一深度上的微刃数量多，等高性好，使加工表面的残留高度极小。

3. 微刃的滑挤、摩擦、抛光作用

锐利的微刃随着磨削时间的增加而逐渐钝化因而切削作用减弱，滑挤、摩擦、抛光作用加强。同时磨削区的高温使金属软化，钝化微刃的滑擦和挤压将工件表面凸峰碾平，降低了表面粗糙度值。

精密磨削一般用于机床主轴、轴承、液压滑阀、滚动导轨、量规等的精密加工。

（三）超精密磨削

1. 过程

超精密磨削是一种亚微米级的加工方法，并正逐步向纳米级发展。超精密磨削的机理可以用单颗粒的磨削过程加以说明。

（1）磨粒可看成一颗具有弹性支承（结合剂）和大负前角切削刃的弹性体。

（2）磨粒切削刃的切入深度是从零开始逐渐增加，到达最大值后再逐渐减少，最后到零。

（3）磨粒磨削时与工件的接触过程依次是弹性区、塑性区、切削区，再回到塑性区，最后是弹性区。

（4）超精密磨削时有微切削作用、塑性流动和弹性破坏作用，同时有滑擦作用，这与刀刃的锋利程度或磨削深度有关。

超精密磨削同样是一个系统工程，加工质量受到许多因素影响，如磨削机理、超精密磨床、被加工材料、工件的定位夹紧、检测及误差补偿、工作环境以及工人的操作水平等。

精密磨削和超精密磨削的质量与砂轮及其修整有很大关系，修整方法与磨料有很大关系。如果是刚玉类、碳化硅、碳化硼等普通磨料，常采用单粒金刚石修整、金刚石粉末烧结型修整器修整和金刚石超声波修整等方法，修整器安装在低于砂轮中心 0.5 ~ 1.5mm 处，并向上倾斜 10° ~ 15°，以减小受力。

2. 方法

对于金刚石和立方氮化硼这两种超硬磨料砂轮，因磨料本身硬度很高，砂轮的修整则要分为整形和修锐两个阶段。整形是使砂轮达到一定几何形状要求；修锐是去除磨粒间的结合剂，使磨粒突出结合剂一定高度，形成足够的切削刃和容屑空间。超硬磨料砂轮修整的方法很多，视不同的结合剂材料而不同，具体有：

（1）车削法。用单点、聚晶金刚石笔，修整片车削砂轮，修整精度和效率较高，但砂轮切削能力较低。

（2）磨削法。用普通磨料砂轮或砂块与超硬磨料砂轮对磨进行修整，普通磨料磨粒被破碎，切削超硬磨料砂轮上的树脂、陶瓷、金属结合剂，致使超硬磨粒脱落。修整质量好，效率较高，是目前最广泛采用的方法。

（3）电加工法。电加工法主要有电解修锐法、电火花修整法，用于金属结合剂砂轮修整，效果较好。其中电解修锐法已广泛地用于金刚石微粉砂轮的修锐，并易于实现在线修锐。

（4）超声波振动修整法。用受激振动的簧片或超声波振动头驱动的幅板作为修整器，并在砂轮和修整器间放入游离磨料撞击砂轮的结合剂，使超硬磨粒突出结合剂。

超硬磨料砂轮主要用来加工各种高硬度、高脆性等难加工材料，如硬质合金、陶瓷、玻璃、半导体材料及石材等。其共同特点是：

①磨削能力强，耐磨性好、耐用度高，易于控制加工尺寸。

②磨削力小，磨削温度低，加工表面质量好。

③磨削效率高。

④加工综合成本低。

三、精密与超精密加工的特点

与一般加工方法相比，精密与超精密加工具有如下特点：

（一）"进化"加工原理

一般加工时机床的精度总是高于被加工零件的精度，而对于精密与超精密加工，可利用低于零件精度的设备、工具，通过特殊的工艺装备和手段，加工出精度高于加工机床的零件，也可借助这种原理先生产出第二代更高精度的机床，再以此机床加工零件，前者称为直接式进化加工，常用于单件、小批量生产；后者称为间接式进化加工，适用于批量生产。

(二)"超越性"加工原理

一般加工时刀具的表面粗糙度数值会低于零件的表面粗糙度，而对于精密与超精密加工，可通过特殊的工艺方法，加工出表面粗糙度低于切削刀具表面粗糙度的零件，这称为"超越性"现象，这对表面质量要求很高的零件更为重要。

(三)微量切削机理

精密与超精密加工属于微量或超微量切削，背吃刀量一般小于晶粒大小，切削以晶粒团为单位，并在切应力作用下进行，必须克服分子与原子之间的结合力。

(四)综合制造工艺

精密与超精密加工中，为实现加工要求，需要综合考虑加工方法、设备与工具、检测手段(精密测量)、工作环境等多种因素。

(五)自动化

精密与超精密加工时，广泛采用计算机控制、自适应控制、在线自动检测与误差补偿技术等方法，以减少人为影响，提高加工质量。

(六)特种加工与复合加工

精密与超精密加工常采用特种加工与复合加工等新的加工方法，来克服传统切削和磨削的不足。具体请参见相关教材和资料。

四、纳米加工技术

纳米技术通常是指纳米尺度(0.1～100nm)的材料、设计、制造、测量和控制技术，其涉及机械、电子、材料、物理、化学、生物、医学等多个领

域，已经成为科技强国重点关注的重大领域之一。任何物质到了纳米量级，其物理与化学性质都会发生巨大的变化，纳米加工的物理实质必然和传统的切削、磨削有很大的区别。

欲得到 1nm 的加工精度，加工的最小单位必然在亚微米级，接近原子间的距离 0.1 ~ 0.3nm，纳米加工实际上已经接近加工精度的极限，此时，工件表面的一个个原子或分子将成为直接加工的对象。因此，纳米加工的物理实质就是要切断原子间的结合，以去除一个个原子或分子，需要的能量必须要超过原子间结合的能量，能量密度很大。

（一）纳米加工的精度

纳米加工的精度包括纳米级尺寸精度、纳米级几何形状精度、纳米级表面质量三方面，但对不同的加工对象，这几方面各有侧重。

1. 纳米级尺寸精度

（1）较大尺寸的绝对精度很难达到纳米级。零件材料的稳定性、内应力、变形等内部因素和环境变化、测量误差等都将会产生尺寸误差。

（2）较大尺寸的相对精度或重复精度达到纳米级，这在某些超精密加工中会出现，如某些高精度孔和轴的配合，某些精密机械零件的个别关键尺寸，超大规模集成电路制造要求的重复定位精度等。现在使用激光干涉测量和 X 射线干涉测量法都可以保证这部分的加工要求。

（3）微小尺寸加工达到纳米级精度，这在精密机械、微型机械和超微型机械中普遍存在，无论是加工或测量都需要进一步研究发展。

2. 纳米级几何形状精度

这在精密加工中经常出现，如精密孔和轴的圆度和圆柱度；陀螺球等精密球的球度；光学透镜和反射镜、要求非常高的平面度或是要求很严格的曲面形状；集成电路中的单晶硅片的平面度等。这些精密零件的几何形状精度直接影响其工作性能和工作效果。

3. 纳米级表面质量

此处的表面质量不仅指它的表面粗糙度，还应包含表面变质层、残余应力、组织缺陷等要求，即表面完整性。如集成电路中的单晶硅片，除要求有很高的平面度、很小的表面粗糙度和无划伤外，还要求无（或极小）表面

变质层、无表面残余应力、无组织缺陷；高精度反射镜的表面粗糙度、变质层会影响其反射效率。

（二）纳米加工技术的分类

按照加工方式，纳米级加工可分为切削加工、磨料加工、特种加工和复合加工四大类。按照所用能量不同，也可以分为机械纳米加工、能量束纳米加工、扫描隧道显微加工技术等多种方法。

1. 机械纳米加工

机械纳米加工即前面提到的单晶金刚石超精密切削、金刚石砂轮和立方氮化硼砂轮的超精密磨削以及研磨、抛光等。如借助于数控系统和高精度、高刚度车床，研磨金刚石刀具保证其锋锐程度，进行超精密切削，可实现平面、圆柱面和非球曲面的镜面加工，获得表面粗糙度 $0.002 \sim 0.020 \mu m$ 的镜面。

2. 能量束纳米加工

利用能量束可以对工件进行去除、添加和表面改性等加工。例如离子直径为 0.1nm 级，利用聚焦离子束技术可将离子束聚焦到亚微米甚至纳米级，进行微细图形的检测分析和纳米结构的无掩模加工，可得到纳米级的线条宽度和精确的器件形状；电子束可以聚焦成很小的束斑，可进行光刻、焊接、微米级和纳米级钻孔、表面改性等。属于能量束加工的方法还包括激光束、电火花加工、电化学加工、分子束外延等。

3. 扫描隧道显微加工技术

扫描隧道显微镜（Scanning Tunneling Microscope，STM），是一种利用量子理论中的隧道效应探测物质表面结构的仪器。它于 1981 年由 C.Binnig 及 H.Rohrer 在 IBM 苏黎世实验室发明，可用于观察 0.1nm 级的表面形貌。它在纳米科技中既是重要的测量工具又是加工工具。

STM 工作原理是基于量子力学的隧道效应，最初是用于测量试样表面纳米级形貌的。当两电极之间的距离缩小到 1nm 时，由于粒子的波动性，电流会在外加电场作用下穿过绝缘势垒，从一个电极流向另一个电极，即产生隧道电流。当探针通过单个的原子，流过探针的电流量便有所不同，这些变化被记录下来，经过信号处理，可得到试件纳米级三维表面形貌。

STM 有两种测量模式：探针以不变高度在试件表面扫描，针尖与样品表面局部距离就会发生变化，通过隧道电流的变化而得到试件表面形貌信息，称等高测量法；利用一套电子反馈线路控制隧道电流，使其保持恒定，针尖与样品表面之间的局域高度也会保持不变，由探针移动直接描绘试件表面形貌，称恒电流测量法。

进一步研究发现，当探针针尖对准试件表面某个原子并非常接近时，由于原子间的作用力，探针针尖可以带动该原子移动而不脱离试件表面，从而实现工件表面原子的搬迁，达到纳米加工的目的。这种工艺可以说是机械加工方法的延伸，探针取代了传统的机械切削刀具。STM 纳米加工技术可实现原子、分子的搬迁、去除、增添和排列重组，从而对器件表面实现原子级的精加工，如刻蚀、组装等，其加工精度比传统的光刻技术高得多。

第四节　高速切削加工技术

高速切削加工技术是一种用比常规切削加工时高得多的切削速度进行切削加工的技术，可用于加工有色金属、铸铁、钢、纤维强化复合材料等，也可用于难加工材料的切削加工，是一种高效加工新技术。

通常在切削加工中以最大的线速度来描述切削速度，单位是米 / 分钟（m/min），同时可以由机床主轴转速划定高速切削范围。各国对高速切削的速度范围尚未做出明确的规定，但通常把切削速度比常规高出 5～10 倍以上的切削加工叫作高速切削。按不同加工工艺规定的高速切削范围是车削 200～7000m/min、铣削 300～6000m/min、钻削 200～1100m/min、磨削 150～300m/s。这种划分比常规切削速度提高了一个数量级，并且有继续提高的趋势。

一、高速切削加工的优越性

（一）提高生产率，降低加工成本

随着切削速度的提高，单位时间内材料切除率增加，切削加工时间减少，大幅度提高生产效率，降低加工成本。

（二）有利于薄壁零件和刚性差的零件的加工

在高速切削加工范围内，随切削速度提高，切削力减小，根据切削速度提高的幅度，切削力平均可减少30%以上，有利于对刚性较差和薄壁零件的切削加工。

（三）提高加工精度

在高速切削加工时，90%以上的切削热被切屑飞速带走，来不及传给工件，有利于减少加工零件的内应力和热变形，有利于提高加工精度。

（四）有利于得到精密、光洁的零件

高速切削加工时，由于切削力减小，切削过程中产生的微振频率远高于机床—刀具—工件构成的工艺系统的固有频率范围，使加工平稳，大大降低表面粗糙度，得到精密、光洁的零件。

（五）可加工淬硬钢件和难加工材料

高速切削加工可以加工硬度45～65HRC的淬硬钢件和其他难加工材料，甚至可以取消磨削加工和电加工。

由于高速切削加工提高生产效率，减小切削力，提高加工精度和表面质量，降低加工成本和可加工高硬材料等很多优点，已在汽车、航空、模具制造业中广泛应用，取得了很大的经济效益，促进了切削加工技术水平的提升。

二、高速切削加工技术的关键问题

（一）高速切削刀具

由于高速切削加工时离心力和振动的影响，刀具的结构安全性和高精度的动平衡是至关重要的。刀柄是高速切削加工的关键部件，它传递机床的动力和精度。它的一端是机床主轴，另一端是刀具。它必须满足如下要求：很

高的几何精度和装夹的重复精度；很高的装夹刚度；高速运转时安全可靠。

在高速切削加工时，传统的 7∶24 锥度刀柄系统（BT、ISO 等）已不适用。为满足高速切削加工要求，于是开发了 HSK 系列刀柄系统、KM 系列刀柄系统等。

各国根据高速切削的特点，在刀具刃形、材料、结构、夹紧方式和动平衡等方面进行了大量的研究工作。HSK、KM 等刀柄与普通 7∶24 刀柄相比，重量约减少 50%、重复定位高，刚度高，并可传递大的力矩。

(二) 高速切削机床

高速切削加工机床与普通机床的主要区别在于，高速机床能够提供高的切削速度和满足高速切削加工下的一系列功能要求。

1. 高速主轴单元

高速主轴单元是高速加工机床最为关键的部件，它不仅要在很高的转速下旋转，而且要有很高的同轴度、高的传递力矩和传动功率、良好的散热和冷却装置，要经过严格的动平衡。主轴部件的设计要保证具有良好的动态和热态特性，具有极高的角加（减）速度来保证在极短的时间内实现升降速和在指定位置的准停。

高速机床主轴转速一般为普通机床主轴转速的 5～10 倍，最高转速一般都大于 10000r/min，有的高达 60000～100000r/min；主轴单元电机功率一般都高达 20～80kW，以满足高速、高效和重载荷切削的要求；主轴单元从启动到达到选定的最高转速（或从最高转速停止）需要的时间短，一般 1～2s 即可完成。也就是说，主轴的加减速度比普通机床高得多，一般比常规的数控机床高出一个数量级。

2. 高速进给系统

为保证工件加工的表面质量和刀具的使用寿命，刀具每齿或工件每转进给量应该基本不变，即随着主轴转速的提高，机床进给速度和其加减速度也必须大幅度提高，同时机床空行程运动速度也必须大大提高。现代高速加工机床进给系统执行机构的运动速度要求达到 40～120m/min，进给加减速度同样要求达到 1～8g。为此机床进给驱动系统的设计必须突破"旋转伺服电机＋普通滚珠丝杠"的进给传动方式，结构上主要大幅度减轻移动部件的

重量，一是实现"零传动"，即直接采用直流电机驱动；二是采用多头螺纹行星滚珠丝杠代替常规钢球式滚珠丝杠以及采用无间隙直线滚动导轨，以实现进给部件的高速移动和快速准确定位；三是采用快速反应的伺服驱动CNC控制系统。

3. 高速的切屑处理和冷却系统

高速电主轴单元结构设计时，为防止主轴部件在高速旋转过程中出现过热现象，支撑轴承必须考虑采用有效的强制冷却方法。同时在高速切削条件下，单位时间内切削区域产生大量的热量和切屑必须冷却和清除，用高压大流量切削液射向切削部位或用大量切削液以瀑布方式供向切削区，把热量和切屑冲走，保持恒温和清洁，以保证高的加工精度。

4. 高刚性的床体结构

高速切削机床运动部件的惯性力和高速切削时的切削力都作用在床体上，必须保持基础支撑件的高静刚度、动刚度和热刚度。通过计算机辅助设计，特别是应用有限元及优化设计理论分析，以获得轻质量、高刚度的床身、立柱和工作台结构。

5. 安全装置和实时监控系统

高速切削机床的高速运动部件，大量高速流出的切屑和高压喷射的切削液等都要求高速切削机床有一个足够大的密封工作室，且工作室的壁厚足以吸收喷射的能量。同时，在加工过程中，操作人员很难直接进行观察、操作和控制，因此必须采用主动在线监控系统，对刀具磨损、破损和主轴运动状况等进行在线识别和监控，确保人身和设备安全。

三、高速切削加工技术的展望

高速切削加工技术是先进制造技术的实用技术，它是诸多单元技术集成的综合技术。在工业发达国家，高速切削加工技术在航空航天工业、汽车工业、模具工业和能源工业等广泛应用的实践证明，高速切削加工不但大幅提高了加工效率、加工质量，降低了加工成本，而且带动了一系列高新技术产业的发展。

（一）高速切削机理的研究

高速切削加工技术的应用和发展是以高速切削机理为理论基础的。通过对高速加工中切屑形成机理、切削力、切削热、刀具磨损、表面质量等技术的研究，为开发高速切削机床、高速切削刀具提供理论指导。

（二）高速切削加工工艺

高速切削工艺技术包括切削参数、切削路径、刀具材料的选择等。

1. 切削参数的选择

高速切削加工中，对切削参数选择的同时，要对刀具接近工件的方式、接近角度、移动方向和切削过程等进行选择。

2. 切削路径的选择和优化

切削路径优化的目的是提高刀具的使用寿命和切削效率，获得最小的加工变形，提高机床走刀利用率，充分发挥高速切削加工的优势。

3. 刀具材料的选择

刀具材料的合理选择原则是：

（1）切削刀具材料与被加工材料的力学性能匹配。主要指刀具与工件材料的强度、韧性和硬度等力学性能的匹配。

（2）切削刀具材料与被加工材料的物理性能匹配。主要指刀具与工件材料的熔点、弹性模量、导热系数、热膨胀系数、抗热冲击能力等物理参数的匹配。例如，加工导热性差的工件时，应采用导热性好的刀具材料，以使切削热迅速传出从而降低切削温度；精密切削加工时要选择热膨胀系数小的刀具材料，如金刚石等；高速干切削、硬切削黑色金属时，要选择耐热性好的刀具材料，如立方氮化硼（PCBN）。

（3）切削刀具材料与被加工材料的化学性能匹配。主要指刀具与工件材料的化学亲和性、化学反应、扩散和溶解等化学性能的匹配。

（4）高速切削加工刀具的研究。高速切削刀具设计中，研究开发多功能及专用刀具是提高切削加工效率的有效方法之一。在加工中心上，开发和应用多功能刀具，使工件在一次夹紧中完成尽可能多的工序内容，以减少换刀次数和刀具数量。在生产线上可针对具体的加工工艺研发专用刀具和智能刀

具，这对提高加工效率和质量都是十分有意义的。

（三）高速切削加工的应用

高速切削加工技术首先在航空航天、模具、汽车等行业得到广泛应用。飞机机体材料 60%~70% 为铝合金，零件通常采用"整体去除法"制造，即在整体毛坯上去除大量材料后形成精密的铝合金复杂构件，其切削时间在整体零件制造工时中所占的比例很大，采用高速切削加工可解决这样的大型、薄壁、加强筋复杂的铝合金零件的高精度、高效率加工问题。在航空工业中，使用高速铣削铝合金已较普遍，能收到缩短制造周期、提高飞机性能的双重功效。

高速切削加工主要应用于车削和铣削加工。随着各类高速切削机床的开发，高速切削工艺范围将进一步扩大，应该可以涵盖所有切削加工范畴，现已有高速硬车削、高速铣削和高速钻削。

1. 高速硬车削

淬硬钢传统的加工方法是磨削，对淬硬钢进行高速车削叫作高速硬车削，它与磨削相比有如下特点。

（1）加工效率高。因高转速大切深，金属切除率比磨削提高 3~10 倍。

（2）洁净加工。高速硬车削不使用或少使用切削液，不仅省去与切削液有关的装置，而且实现洁净加工，切屑干净，利于回收。

（3）有利于柔性生产和敏捷生产。硬车削技术易适应产品的改型，可提高生产线的柔性，使产品适应市场的能力增强，符合敏捷生产的要求。与磨削加工相比，硬车削能更好地适应多品种、小批量产品的生产。

（4）加工质量好。高速硬车削中产生的大部分热量被切屑带走，不会像磨削加工时易产生表面烧伤和裂纹。由于车削加工可一次装夹完成粗加工、精加工和多表面加工，各表面间位置精度高，表面质量好。

2. 高速铣削

高速切削加工首先是由高速铣削为代表的高速加工中心进行的，高速铣削是为了满足航空制造中大型整体零件的加工和模具行业高硬度腔体加工要求而发展起来的。它有如下特点：

（1）可获得较好的表面质量，不必进行后续加工；

（2）高速铣削时生成的切削热，80%～95% 被切屑带走，工件保持冷态；

（3）可采用硬质合金刀具进行高速铣削，刀具费用较适宜，刀具使用寿命也延长；

（4）高速铣削的刀具切削频率高，不会发生自激振动，同时切削力降低，使非常复杂的薄壁件也能无振动加工，例如，飞机蜂窝结构件的过梁，厚度只有 0.1～0.4mm；

（5）在相应的进给速度高 10 倍的高速铣削中，金属的切除率提高 3～4 倍。

3. 高速钻、铰和攻螺纹

钻、铰和攻螺纹实现高速切削加工需要解决如下问题：

（1）排屑和散热；

（2）刀具材料、形状和几何参数的选择；

（3）提供极高的主轴转速的机床，如铝合金上钻 $\varphi10$，要求切削速度 800m/min，机床主轴转速需 25000r/min 以上。

高速钻、铰和攻螺纹用的刀具材料可为高速钢、硬质合金、涂层刀具、陶瓷刀具、聚晶立方氮化硼（PCBN）和聚晶金刚石刀具（PCD）。对刀具结构和几何参数进行优化，使切削过程更合理，排屑更通畅。同时采用内冷却系统，改善冷却和润滑条件，也有利于排屑。

第五节　可持续制造技术

一、误差补偿制造技术

当一台机器装备，特别是精密机床等设备经长期使用后，其性能大大降低，已满足不了使用者要求时，须使其退役。然而，该机器装备的结构、几何性能仍是稳定的，可以继续使用。采用误差补偿技术对将退役的机器设备进行改造，可使其重新恢复到在役水平，这样就延长了设备的使用寿命，符合可持续发展战略。

误差补偿技术除了用于翻新将退役设备外，还用于提高新设备的精度。例如，对三坐标测量机、多坐标数控机床，精密丝杠磨床等设备，采用误差补偿技术可消除重力、运动误差、热变形等的影响，能达到成本低、柔性好的效果，也符合可持续发展策略，不会造成环境污染等弊端。

基于信息技术的现代误差补偿技术，为应用低档次机器制造高档次零部件提供了一条可行的技术途径，是延伸资源传递链的一种高科技措施，是一种能广泛推广的可持续制造技术。

误差补偿的实现，需综合应用传感技术、信号处理技术、多传感器信息融合策略、运动合成机构或系统等多学科技术。为了保证良好的误差补偿效果，被补偿对象的几何、结构稳定性或重复性是必须保证的。

误差补偿系统至少应具备三个功能装置。

（1）误差信号发生装置，以产生出被补偿对象固有误差的误差图，作为补偿系统中附加误差的依据。

（2）信号同步反向装置，以保证附加的误差输入与补偿对象的固有误差同步反向，即在任一时刻，这两个误差理论上数值相等且相应相差180°。

二、可重构制造系统

制造业所面临市场的变化开始变得不可预测，其原因有：新产品的频繁面世，现有产品的零部件变化，产品需求和种类的极大波动，政府的安全、环境法规的变化以及工艺技术的变化。为了适应这些变化，解决生产效率与制造柔性之间的矛盾，并充分利用已有的资源，产生了可重构制造系统（Reconfigurable Manufacturing System，RMS）与可重构机床（Reconfigurable Machine Tool，RMT）的策略与实践。

目前，在企业中主要存在两类制造系统，即专用制造系统和柔性制造系统。专用制造系统成本较低，能进行多刀加工，故生产效率高，但没有柔性，系统的软件、硬件都是为特定零件而设计的，不能扩展。柔性制造系统则具有软件柔性，能控制固定的硬件设备，使之完成众多加工功能，及时响应市场变化；其缺点是造价昂贵，软件冗余大，只能进行单刀加工，生产效率较低。

为响应市场或不确定需求的突然变化，人们迅速调整出一个零件族内的生产能力和功能，并快速改变系统结构以及硬件和软件组件，构成一种综合上述两种制造系统优点的可重构制造系统。在这种系统中硬、软件均可重

构，可进行多刀加工，系统造价适中，但硬件有冗余。可重构制造系统能充分利用资源，符合可持续制造策略。

可重构制造系统必须从一开始就设计成可重构的。为保证快速而可靠地集成硬件模块和软件模块，可重构制造系统必须具备以下几个关键特征。

（一）模块性（Modularity）

在一个可重构的制造系统里，所有主要部件（如结构件、轴、控制软件和刀具等）都是模块，模块化技术是实现系统可重构的核心技术，在某种程度上，系统可重构性的质量取决于模块设计的质量。如果有必要，各部件可以分别更换以满足新的要求，而不必改动整个生产系统。模块化思想使得整个系统易于维护并降低了成本，但是，如何划分模块，以及采用什么系统合成方法还有待进一步研究。

（二）集成性（Integrability）

设计机器和控制模块具有组元集成的接口，系统的性能取决于其组元的给定性能和软件模块与机器硬件模块的接口的性能。因此，必须建立起一系列系统集成方法和原则，这些方法和原则应涉及从整个生产系统到部分控制单元和机床的范围，还要加强对系统布局和生产工艺流程的研究。

（三）定制性（Customization）

定制性包括定制柔性和定制控制。定制柔性围绕着正在被制造的零件族里的零件构造机器并只提供这些特定零件所需要的柔性，因此能降低成本；定制控制借助于开放体系结构技术集成控制组件，从而可准确地提供所需要的控制功能。

（四）转换性（Convertibility）

在一个可重构制造系统中，可以利用已有的生产线来生产同一零件族中的不同产品。同时，在改变生产品种时所需的变换时间要尽量短，变换内容包括刀具、零件加工程序、夹具等。这些都需要有先进的传感、检测系统，以进行自动监控和标定。

（五）诊断性（Diagnosability）

由于可重构生产系统需要经常改变其布局格式，系统应具有对重新布置好的系统进行相应的修正和微调的能力，以确保产品的质量。因此，可重构生产系统必须具备可诊断性。产品质量检测系统必须和整个系统有机地结合，这样有助于快速找到影响质量的原因，并借助统计分析、信号处理和模式识别等技术来保证高质量产品，检测不合格的零件，对减少可重构制造系统的斜升时间起到重要作用。这里，斜升时间指的是新建或重构制造系统运行开始后达到规划或设计规定的质量、运转时间和成本的过渡时间，它是制造系统重构可行性的一个重要性能测度指标。

可重构制造系统的以上这些特征决定了重构制造系统的难易程度和成本，具备这些关键特征的制造系统具有较高的可重构性。其中，模块性、集成性、诊断性有利于减少用于重构的时间和精力，定制性、转换性有利于减少重构的成本。

国内外学者对可重构制造系统进行了大量研究，取得了一些初步成果，提出了若干概念系统与机床模型，完全意义上的可重构制造系统虽尚未商品化，但可重构制造系统的理念是先进的、可操作的。

相对而言，软件的重构是比较容易实现的。因此，可以有这样的结论：可重构制造系统的成败关键是硬件模块的重构与连接，是电、液、气等动力源的接口与切换。

第六节　虚拟制造

20世纪90年代以来，对市场的快速响应（交货期）在工业发达国家成为竞争的焦点，于是敏捷制造、智能制造、虚拟制造等新概念、新的生产组织方式、新的生产模式相继出现。企业的柔性和快速响应市场的能力成为竞争能力的主要标志，知识的创新和获取、信息的交流和技术的合作，将是20世纪市场竞争的热点问题。制造业的企业不仅追求技术创新，而且重视管理创新、组织创新、机制创新和生产模式创新，以此不断推进全球制造业的技

术进步与发展。虚拟制造 VM（Virtual Manufacturing）就是根据企业竞争的需求，在强调柔性和快速的前提下，于 20 世纪 80 年代提出的，并随着计算机技术，特别是信息技术的迅速发展，在 20 世纪 90 年代得到人们的极大重视，获得迅速发展的。

虚拟现实技术 VRT（Virtual Reality Technology）是虚拟制造的关键技术，是在为改善人与计算机的交互方式，提高计算机可操作性中产生的，它是综合利用计算机图形系统、各种显示和控制等接口设备，在计算机上生成可交互的三维环境（称为虚拟环境）中提供沉浸感觉的技术。这种系统就是虚拟现实系统 VRS（VirtualReality System）。虚拟现实系统包括操作者、机器和人机接口三个基本要素。它不仅提高了人与计算机之间的和谐程度，也成为一种有力的仿真工具，既可以对真实世界进行动态模拟，又可以通过用户的交互输入，并及时按输出修改虚拟环境，使人身临其境。

虚拟制造是一种新的制造技术，它以信息技术、仿真技术和虚拟现实技术为支持。可定义为是一个集成、综合的可运行制造环境，用来提高各层的决策和控制。虚拟制造技术是在一个统一模型下对设计和制造等过程进行集成，将与产品制造相关的各种过程与技术集成在三维、动态的仿真真实过程的实体数字模型上。其目的是在产品设计阶段，借助建模与仿真技术及时、并行地模拟出产品未来制造过程乃至产品全生命周期的各种活动对产品设计的影响，预测、检测、评价产品性能和产品的可制造性等。从而更加有效、经济、柔性地组织生产，增强决策与控制水平，有力地降低由于前期设计给后期制造带来的回溯更改，达到产品的开发周期和成本最小化、产品设计质量的最优化、生产效率的最大化。

因此，虚拟制造技术是由多学科知识形成的综合技术，其本质是以计算机支持的仿真技术为前提，对设计、制造等生产过程进行统一建模，在产品的设计阶段，实时、并行地模拟出产品未来制造全过程及其对产品设计的影响，预测产品性能、产品制造技术、产品的可制造性，从而可以做出前瞻性的决策和优化实施方案，更有效、更经济、柔性灵活地组织生产。虚拟制造也可以对想象中的制造活动进行仿真，它不消耗现实资源和能量，所进行的过程是虚拟的，所生产的产品也是虚拟的。

一般来说，虚拟制造的研究都与特定的应用环境和对象相联系，既涉

及与产品开发有关的工程活动，又包含与企业组织经营有关的活动。按照应用的不同要求而有不同的侧重点，因此出现了三个流派，即以设计为中心的虚拟制造、以生产为中心的虚拟制造和以控制为中心的虚拟制造。

虚拟制造技术的广泛应用将从根本上改变现行的制造模式，对相关行业也将产生巨大影响，可以说虚拟制造技术决定着企业的未来，也决定着制造业在竞争中能否立于不败之地。

第七节　制造业的信息化

人类社会经历了农耕社会、家庭手工业社会、在工厂中操作机器的现代工业社会，到现在进入远程制造（利用 Web）的后现代工业社会，制造也相应地经历了技艺、技术、科学、商务等阶段的发展。21 世纪的大制造的概念，其内涵不只局限于金属加工，芯片蚀刻、计算机装配、生物反应器（Bioreactor）的控制，还要包括有关的商务，制造将是拓展的社会企业的完整部分，将推动经济全球化的发展。

随着人类社会的发展，科学技术的进步，21 世纪的制造业将是信息化的制造业，它的最终目标不是功能单一的局部信息化，而是整个企业的全面、综合信息化，从而达到企业运行的整体优化。

制造业涉及的主体功能有五方面：设计、制造、材料、信息交换、管理。为了实现这五方面信息化改造，以适应信息化技术的发展，不仅要对这五方面进行信息化技术改造，而且要对这五方面的技术本身进行改造。

设计信息化领域是制造业信息化较早且较好的领域。计算机辅助设计技术是企业信息化的核心，其作用是形成产品数据。在几何模型的表示、几何建模方法、产品形状可视化、产品设计计算方法（如有限元法、边界元法等）、产品设计图文及产品数据管理（PDM）等方面仍有信息化改造的任务。

制造信息化以计算机辅助制造为代表，是制造业信息化的重要单元；数控加工已相当普遍；计算机辅助工艺过程设计作为计算机辅助设计与制造集成的桥梁获得了发展。数控化的装置（机床、机器人等）的自动化、智能化、柔性化和集成化，可重构制造系统与可重构机床的设计与应用、加工过程的

数控、开放式数控系统与数控加工、网络制造、可持续制造等，都有大量的信息化改造工作，也要求人们改变制造技术本身的传统模式，实现数字化制造。

材料的信息化制造犹如裁制衣服一样，服装设计师将颜色搭配协调、美观、适用的衣料制成服装，材料也能按信息要求而设计。自 20 世纪 90 年代分层制造技术工程化以来，一些学者认为通过选择性激光烧结工艺、激光熔结工艺，理论上可以按合金成分配方直接从合金粉末烧结成产品，也可以按不同部位的材料性能要求选用不同的合金成分配比。随着激光功率的提高、激光成本的降低，有学者预测，将来钢铁生产不需要用现有的钢铁生产技术与钢铁工厂了。新型复合材料的设计与制造，更能体现出信息化对制造业中材料制造的重大影响。

信息交换的信息化问题，在制造业中需要解决的有：制造者的经验、知识、诀窍的信息化及其处理；如何利用多学科的知识、信息为制造业服务；如何保证信息处理、传输、控制的可靠性、实时性、安全性；网络技术的应用等。信息交换的优劣，取决于信息化支撑体系的进展，硬件技术、软件技术、网络技术、数据库技术、信息安全技术的进步，必将促进制造业中信息交换技术的进步。

管理信息化是保证制造业在市场竞争条件下立于不败之地的重要法宝。管理信息化包括供销服务的信息化和企业管理的信息化。供销服务的信息化是指运用现代管理思想和方法及信息技术，改变或改善供销服务体系中的观念、方法和手段，提高企业销售能力和服务水平，促使产品增值，快速响应市场，获取最大利润，实施如顾客需求管理、供应链管理等。企业管理的信息化是指利用现代管理方法和信息技术，对企业所有活动进行统一管理和控制，提高产品质量，实施整个企业高效、协调和优化运行。企业资源规划（ERP）是当前企业信息化管理的典型代表。所谓企业资源规划是指对企业所有资源（如人力、设备、材料、技术、资金、信息、时间等）进行统筹管理与控制，实现资源的最优运行与充分利用。目前所谈论的企业信息化，大多是企业资源规划方面的内容。对一个技术信息化水准不高的制造企业（尤其是中小型企业）而言，不宜立即全面推行企业资源规划，而应根据该企业管理中的瓶颈问题，先获得突破，逐步扩大信息化管理的内容，这是我国许多企业在实施企业资源规划过程中得到的经验教训。

第三章　机械自动化控制方法与技术

第一节　自动化控制的概念

一、自动化控制的基本组成

自动控制系统包括实现自动控制功能的装置及其控制对象，通常由指令存储装置、指令控制装置、执行机构、传递及转换装置等部分构成。

（一）指令存储装置

由于被控制对象是一种自动化机械，因此其运动应该不依靠人而能自动运行。这样就需要预先设置它的动作程序，并把有关指令信息存入相应的装置，在需要时重新发出。这种装置就称为指令存储装置（或程序存储器）。

指令存储装置大体上可以分为两大类：一类是将全部指令信息一起存入一个存储装置，称为集中存储方式，如装有许多凸轮的分配轴、矩阵插角板、穿孔带、磁带、磁鼓、软盘等；另一类是将指令信息分别在多处存储，称为分散存储方式，如挡块、限位开关、电位计、时间继电器、速度继电器等。

（二）指令控制装置

指令控制装置的作用是将存储在指令存储装置中的指令信息在需要的时候发出。例如，执行机构移动到规定位置时挡块碰触限位开关；工件加工到规定尺寸时自动量仪中的电触点接通；液压控制系统中的压力达到规定压力时启动压力阀；主轴转速超过一定数值时速度继电器动作等。其中限位开关、电触点、压力阀、速度继电器等装置能够将指令存储装置中的有关信息转变为指令信号发送出去，命令相应的执行机构完成某种动作。

（三）执行机构

执行机构是最终完成控制动作的环节，如拨叉、电磁铁、电动机、工作液压缸等。

（四）传递及转换装置

传递及转换装置的作用是将由指令控制装置发出的指令信息传送到执行机构。它在少数情况下是简单地传递信息，而在多数情况下，信息在传递过程中要改变信号的量和质，转换为符合执行机构所要求的种类、形式、能量等输入信息。信息的传递介质有电、光、气体、液体、机械等；信息的形式有模拟式和数字式；信息的量有电压量、电流量、压力量、位移量、脉冲量等。在这些类别中，又各有介质、形式、量的转换，因此可组合成多种多样的形式。常见的传递和转换装置有各种机械传动装置、电或液压放大器、时间继电器、电磁铁、光电元件等。

二、自动化控制的基本要求

自动控制系统应能保证各执行机构的使用性能、加工质量、生产率及工作可靠性。为此，对自动控制系统提出如下基本要求。

（1）应保证各执行机构的动作或整个加工过程能够自动进行。

（2）为便于调试和维护，各单机应具有相对独立的自动控制装置，同时应便于和总控制系统相匹配。

（3）柔性加工设备的自动控制系统要和加工品种的变化相适应。

（4）自动控制系统应力求简单可靠。在元器件质量不稳定的情况下，对所用元器件一定要进行严格筛选，特别是电气及液压元器件。

（5）能够适应工作环境的变化，具有一定的抗干扰能力。

（6）应设置反映各执行机构工作状态的信号及报警装置。

（7）安装调试、维护修理方便。

（8）控制装置及管线布置要安全合理、整齐美观。

（9）自动控制方式要与工厂的技术水平、管理水平、经济效益及工厂近期的生产发展趋势相适应。

对于一个具体的控制系统，第一项要求必须得到保证，其他则根据具体情况而定。

三、自动化控制的基本方式

这里所说的自动控制方式主要是指机械制造设备中常用的控制方式，如开环控制、闭环控制、分散控制、集中控制、程序控制、数字控制和计算机控制等方式，下面分别做简单说明。

（一）开环控制方式

所谓开环控制就是系统的输出量对系统的控制作用不产生影响的控制方式。在开环控制中，指令的程序和特征是预先设计好的，不因被控制对象实际执行指令的情况而改变。为了满足实际应用的需要，开环控制系统必须精确地予以校准，并且在工作过程中保持这种校准值不发生变化。如果执行出现偏差，开环控制系统就不能保证既定的要求了。由于这种控制方式比较简单，因此在机械加工设备中广为应用。例如，常见的由机械凸轮控制的自动车床或沿时间坐标轴单向运行的任何系统，都是开环控制系统。

（二）闭环控制方式

系统的输出信号对系统的控制作用具有直接影响的控制方式称为闭环控制。闭环控制也就是常说的反馈控制。"闭环"的含义，就是利用反馈装置将输出与输入两端相连，并利用反馈作用来减少系统的误差，力图保持两者之间的既定关系。因此，闭环系统的控制精度较高，但这种系统比较复杂。机械制造中常见的自动调节系统、随动系统、适应控制系统等都是闭环控制系统。

（三）分散控制方式

分散控制又称行程控制或继动控制。在这种控制中，指令存储和控制装置按一定程序分散布置，各控制对象的工作顺序及相互配合按下述方式进行：当前一机构完成了预定的动作以后，发出完成信号，并利用这一信号引发下一个机构的动作，如此继续下去，直到完成预定的全部动作。每一执行

部件在完成预定的动作后，可以采用不同的方式发出控制指令，如根据运动速度、行程量、终点位置、加工尺寸等进行控制。发令装置应用最多的是有触点式或无触点式限位开关和由挡块组成的指令存储和控制装置。

这种控制方式的主要优点是实现自动循环的方法简单，电气元件的通用性强，成本低。在自动循环过程中，当前一动作没有完成时，后一动作便得不到起动信号，因而，分散控制系统本身具有一定的互锁性。然而，当顺序动作较多时，自动循环时间会增加，这对提高生产率不利。此外，由于指令控制不集中，有些运动部件之间又没有直接的连锁关系，为了使这些部件得到启动信号，往往需要利用某一部件到达行程终点后，同时引发若干平行的信号。这样，当执行机构较多时，会使电气控制线路变得复杂，电气元件增多。这对控制系统的调整和维修不利，特别是在使用有触点式电器时，由于大量触点频繁换接，因此容易引起故障。目前，在常见的自动化单机和机械加工自动线的控制系统中，多数都采用这种分散控制方式。

（四）集中控制方式

具有一个中央指令存储和指令控制装置，并按时间顺序连续或间隔地发出各种控制指令的控制系统，都可以称为集中控制系统或时间控制系统。控制系统中有一个连续回转的用来进行集中控制的转鼓。在转鼓上装有一些凸块（存储的指令），当转鼓回转时，凸块分别碰触 1~5 限位开关，并接通相应的执行部件。当凸块转过后，放松限位开关，相应的执行部件就停止运动。转鼓转一转，执行部件完成一个工作循环。如果改变凸块长度或转鼓的转速，就可以调整执行部件的运动时间和工作循环周期，但是不能控制工作部件的运动速度。

集中控制方式的优点：所有指令存储和控制装置都集中在一起，控制链短且简单，这样，控制系统就比较简单，调整也比较方便。另外，由于每个执行部件的启动指令是由集中控制装置发出的，而停止指令则由执行部件移动到一定位置时，压下限位开关而发出。因此，可以避免某一部件发生故障而其他部件继续运动与之发生碰撞或干涉的问题，故工作精度和可靠性比较高。

利用分配轴上的凸轮来驱动和控制自动机床或自动线上的各个执行部

件的顺序动作是机械式集中控制系统，它是按时间顺序进行控制的，可以归入这一类型。

（五）程序控制方式

按照预定的程序来控制各执行机构，使之自动进行工作循环的系统，都可以称为程序控制系统。它又可以分为固定程序控制系统和可变程序控制系统。

固定程序控制系统的程序是固定不变的，它所控制的对象总是周期性地重复同样的动作。这种控制系统的组成元件较少，线路比较简单，安装、调试及维护都比较方便。然而，如果要改变工作程序，这种控制系统基本就不能再用了。因此，这种控制方式只适用于大批量生产的专用设备。

可变程序控制系统的程序可以在一定范围内改变，以适应加工品种的变化。这种控制系统的组成元件较多，系统比较复杂，投资也比较大。它适用于中小批量、多品种轮番生产。从目前应用情况来看，较复杂的可变程序控制装置都采用电子计算机控制，规模较小的则常采用可编程序控制器控制；生产批量较大，加工品种变化不大时，经常采用凸轮机械式控制，品种改变时更换凸轮即可。

（六）数字控制方式

采用数控装置（或称专用电子计算机），以二进制码形式编制加工程序，控制各工作部件的动作顺序、速度、位移量及各种辅助功能的控制系统，称为数字控制系统，简称数控系统。它主要由控制介质（如穿孔带、穿孔卡、磁带等）、数控装置及伺服机构组成。这种控制方式适用于加工零件的表面形状复杂、品种经常改变的单件或小批量生产中所用的加工设备。

（七）计算机控制方式

将电子计算机作为控制装置，实现自动控制的系统，称为计算机控制系统。由于电子计算机具有快速运算与逻辑判断的功能，并能对大量数据信息进行加工、运算、实时处理，所以，计算机控制能达到一般电子装置所不能达到的控制效果，实现各种优化控制。计算机不仅能够控制一台设备、一

条自动线，而且能够控制一个机械加工车间甚至整个工厂。

第二节　机械传动控制

一、机械传动控制的特点

机械传动控制方式传递的动力和信号一般都是机械连接的，所以在高速时可以实现准确地传递与信号处理，并且可以重复这两个动作。在采用机械传动控制方式的自动化装备中，几乎所有运动部件及机构都是由装有许多凸轮的分配轴来驱动和控制的。凸轮控制是一种最原始、最基本的机械式程序控制装置，也是一种出现最早而至今仍在使用的自动控制方式。例如，我们经常见到的单轴和多轴自动车床，几乎全部采用这种机械传动控制方式。这种控制方式属于开环时间控制系统，即开环集中控制系统。在这种控制系统中，程序指令的存储和控制均利用机械式元件来实现，如凸轮、挡块、连杆、拨叉等。这种控制系统的另外一个特点是控制元件同时是驱动元件。

二、典型事例分析

以C1318型单轴转塔自动车床的机械集中控制系统为例。此机床的工作过程是：上一个工件切断后，夹紧机构松开棒料→棒料自动送进→夹紧棒料→回转刀架转位→刀架溜板快进、工进、快退→换刀→再进给（在回转刀架换刀和切削的同时，横向刀架也可以进行进给）……如此反复循环进行工件的加工。机床除工件的旋转外，其余动作均由分配轴集中驱动与控制。分配轴是整台机床的控制中心，分配轴上装有主轴正反转定时轮、横向进给凸轮、送夹料定时轮、换刀定时轮、锥齿轮等。机床的所有动作都是按照分配轴的指令执行的。分配轴转动一圈，机床完成一个零件的加工。

第三节　液压与气动传动控制

机械制造过程中广泛采用液压和气动对整个工作循环进行控制。采用

高质量的液压或气动控制系统，就成为保证自动化制造装置可靠运行的关键。例如，在液压和气动控制系统中，为了提高工作可靠性，减少故障，要重视对系统的合理设计，选择最佳运动压力和高质量的元器件，甚至是最基本的液压管接头也要引起足够的重视。总之，液压和气动控制系统是保证制造过程自动化正常运行和可靠工作的关键组成部分，必须给予足够的重视。

一、液压传动控制

液压传动是利用液体工作介质的压力势能实现能量的传递及控制的。作为动力传递，因压力较高，所以使用小的执行机构就可以输出较大的力，并且使用压力控制阀可以很容易地改变它的输出（力）。从控制的角度来看，即使动作时负载发生变化，也可按一定的速度动作，并且在动作的行程内还可以调节速度。因此，液压控制具有功率重量比大、响应速度快等优点。它可以根据机械装备的要求，对位置、速度、力等任意被控制量按一定的精度进行控制，并且在有外扰的情况下，也能稳定而准确地工作。

这种控制系统目前存在的主要问题是某些电气元器件的可靠性不高及液压元件经常漏油等，这样就使控制系统的稳定性受到了影响。因此，在设计和使用时，应给予重视及采取适当的补救措施。有关液压传动与控制的详细内容在专门课程中已做介绍，这里不再赘述。

二、气动传动控制

气动传动控制（简称气动控制）技术是以压缩空气为工作介质进行能量和信号传递的工程技术，是实现各种生产和自动控制的重要手段之一。气动控制技术不仅具有经济、安全、可靠、便于操作等优点，而且对于改善劳动条件、提高劳动生产率和产品质量，具有非常重要的作用。

（一）气动控制的特点

（1）结构装置简单、轻便，易于安装和维护，且可靠性高、使用寿命长。

（2）工作介质大多采用空气，来源方便，而且使用后直接排出气体，既不污染环境，又能适应"绿色生产"的需要。

（3）工作环境适应性强，特别是在易燃、易爆、多尘埃、辐射、振动等

恶劣的场合也可使用。

（4）气动系统易于实现快速动作，输出力和运动速度的调节都很方便，且成本低，同时在过载时能实现自动保护。

（5）压缩空气的工作压力一般为0.4～0.8MPa，故输出力和力矩不太大，传动效率低，且气缸的动作速度易随负载的变化而波动。

（二）气动控制的形式与适用范围

气动控制系统的形式往往取决于自动化装置的具体情况和要求，但气源和调压部分基本上是相同的，主要由气压发生装置、气动执行元件、气动控制元件及辅助元件等部分组成。气动控制主要有以下四种形式：

（1）全气控气阀系统，即整套系统中全部采用气压控制。该系统一般比较简单，特别适用于防爆场合。

（2）电－气控制电磁阀系统，此系统是应用历史较久、使用最普遍的形式。由于全部逻辑功能由电气系统实现，所以容易被操作和维修人员所接受。电磁阀作为电气信号与气动信号的转换环节。

（3）气－电子综合控制系统，此系统是一种开始大量应用的新型气动系统。它是数控系统或PLC与气阀的有机结合，采用气/电或电/气接口完成电子信号与气动信号的转换。

（4）气动逻辑控制系统，此系统是一种新型的控制形式。它以由各类气动逻辑元件组成的逻辑控制器为核心，通过逻辑运算得出逻辑控制信号输出。气动逻辑控制系统具有逻辑功能严密、制造成本低、寿命长、对气源净化和气压波动要求不高等优点。一般为全气控制系统，用于防爆场合更为合适。

此外，气动控制为了适应自动化设备的需求，正逐步在气动机器人、气动测量机、气动试验机、气动分选机、气动综合生产线、装配线等方面得到广泛应用。例如，采用气缸和控制系统做机床运动部件的平衡；采用气动离合器、制动器做机床制动、调速的控制；采用无杆气缸、磁性气缸做机床防护门窗的开关；使用微压（0.03～0.05MPa）气流做主轴部件气封，防止尘埃和冷却液侵入主轴部件，保持主轴精度；采用气动传感器，确认工件、刀具和运动部件的正确位置；采用气动传感技术，实现在线自动测控，使自动化加工设备具备监控功能等。

第四节　电气传动控制

电气传动控制 (简称电气控制) 是为整个生产设备和工艺过程服务的, 它决定了生产设备的实用性、先进性和自动化程度的高低。它通过执行预定的控制程序, 使生产设备实现规定的动作和目标, 以达到正确和安全的自动工作的目的。

电控系统除正确、可靠地控制机床动作外, 还应保证电控系统本身处于正确的状态, 一旦出现错误, 电控系统应具有自诊断和保护功能, 自动或提示操作者做相应的操作处理。

一、电气控制的特点和主要内容

按照规定的循环程序进行顺序动作是生产设备自动化的工作特点, 电气控制系统的任务就是按照生产设备的生产工艺要求安排工作循环程序, 控制执行元件, 驱动各动力部件进行自动化加工。因此, 电气控制系统应满足如下基本要求: ①最大限度地满足生产设备和工艺对电气控制线路的要求; ②保证控制线路的工作安全和可靠; ③在满足生产工艺要求的前提下, 控制线路力求经济、简单; ④应具有必要的保护环节, 以确保设备的安全运行。电气控制系统的主要构成有主电路、控制电路、控制程序和相关配件等部分。

二、电气控制的操作方式

自动化生产设备具有多种工作方式, 一般用手动多路转换开关选择操作方式, 在不同操作方式下, 系统自动调用不同的工作程序。

(1) 自动循环 (或称连续循环) 在自动循环方式下, 按下 "循环开始" 按钮, 生产设备将按预定的循环动作一次又一次地连续运行, 只有在按下 "预停" 按钮后, 该次循环结束后才会停止运行。

(2) 半自动循环 (或称单次循环) 在此操作方式下, 每次工作循环都必须

按下"循环开始"按钮才能开始运行。在手动上、下料和手动装夹工件时，这种方式是十分必要的。

（3）调整在对生产设备进行调试或对设备的某个部分进行调整时，需要各动力部件能单独地做"单步"动作。常用的方法是对应于每一个动作都单设一个调整按钮，因而操纵台往往被大量的调整按钮占用。在采用 PLC 作为电控装置时，可用编码的方法减少调整按钮数量，同时减少了占用 PLC 输入端的数量。

（4）开工循环和收工循环、自动线有多个加工工位。如果在各工位上都没有工件时开始自动线的工作循环，则称为开工循环；如果再无工件进入自动线，则自动线应开始收工循环。之所以设置开工循环和收工循环两种操作方式，是因为有某些自动线的加工工位上不允许有工件空缺。例如，对工件某工位进行气压密封性检查时，若工件空缺将无法发出信号。

三、电气控制的连锁要求

生产设备在运行中，各动力部件的动作有着严格的相互关系，这主要是通过电气控制系统的连锁功能来加以保证的。连锁信号按其在电路中所起的作用，可以分为连锁、自锁、互锁、短时连锁、长时连锁等，其基本要求如下。

（1）在机床启动后，液压泵电动机已启动信号是控制程序中必要的长时连锁信号，任何时候液压泵电动机停转，控制程序都应立即停止执行。

（2）在滑台快进、快退时，工件定位、夹紧信号应作为长时连锁信号。

（3）在滑台工作进给时，工件定位和夹紧信号、主轴电动机已起动信号、冷却泵和润滑电动机已起动信号在工作进给的全过程中作为长时连锁信号。

（4）在输送带、移动工作台移动和回转工作台转动时，拔销松开信号、输送机构或工作台抬起信号、各动力部件处于原位信号是长时连锁信号。

（5）在接通电动机正、反转的电路中及在控制滑台向前、向后的程序中，应加入"正—反""前—后"互锁信号。

（6）监视液压系统压力的压力继电器，因压力的波动会出现瞬时的抖动，因而在用压力继电器作为工件的夹紧信号时，应对信号做延时处理，或者只能作为短时连锁信号。在用压力继电器信号作为滑台死挡铁停留信号时，则

应在滑台终端同时加上终点行程开关，只有在终点行程开关已压合的情况下，压力继电器信号才有效。

（7）在液压系统中使用带机械定位的二位三通电磁阀时，控制程序中可使用短时连锁信号。如果因工艺要求该信号必须是长时连锁，即如果该连锁信号消失，动作应该停止，则可以在连锁信号消失时，用该连锁信号的反相信号使二位三通阀复位，也可以起到长时连锁的作用。

（8）在"自动循环"操作方式下，上次循环的加工完成信号是起动下次循环的短时连锁信号。特别是在自动线的工作循环中，如果上一次工作循环没有完成，即没有加工完成信号，是不允许开始下次循环的。

（9）在多面组合机床中，对于刀具有可能相撞的危险区，应加互锁信号，各滑台应依次单独进入加工区，以避免相撞。

（10）在具有主轴定位的镗削机床中，主轴已定位信号是滑台快进和快退的连锁信号；而在滑台工进时，要起动主轴旋转，则必须有主轴定位已撤销的连锁信号。

以上是加工设备自动化程序设计中应考虑的一般连锁原则。必须说明的是，因为加工设备的配置形式是多种多样的，所以电气控制程序的设计必须在充分了解机床工艺要求的基础上，按实际需要考虑连锁关系，不可一概而论，更不是连锁信号越多越好，重复的和不必要的连锁会增加故障概率，降低可靠性。

在多段结构的自动线控制程序中，还需特别注意段与段之间连接部件动作的连锁，以避免碰撞事故发生。

四、常用的电气控制系统

从控制的方式来看，电气控制系统可以分为程序控制和数字控制两大类。常见的电气控制系统主要有以下四种。

（一）固定接线控制系统

各种电气元件和电子器件采用导线和印制电路板连接，实现规定的某种逻辑关系并完成逻辑判断和控制的电控装置，称为固定接线控制系统。在这种系统中，任何逻辑关系和程序的修改都要用重新接线或对印制电路板重

新布线的方法解决，因而，修改程序较为困难，主要用于小型、简单的控制系统。这类系统按所用元器件分为以下两种类型。

1. 继电器 – 接触器控制系统

继电器 – 接触器控制系统是由各种中间继电器、接触器、时间继电器、计数器等组成的控制装置。由于其价格低廉且易于掌握，因此在具有十几个继电器以下的系统中仍普遍采用。

此外，在已被广泛使用的 PLC 和各种计算机控制系统中，由继电器、接触器组成的控制电路也是不可缺少的。一个可靠的电控系统必须考虑到当PLC 和计算机失灵时仍能保护机床设备和人身的安全。因此，在总停、故障处理和防护系统中，仍然采用继电器 – 接触器电路。

2. 固体电子电路系统

固体电子电路系统是指由各类电子芯片或半导体逻辑元件组成的电控装置。由于此系统无接触触点和机械动作部件，故其寿命和可靠性均高于继电器 – 接触器系统，而价格同样低廉，所以在小型的程序无须改变的系统中仍有应用，或者在系统的部件控制环节上有所应用。

（二）可编程序控制系统

可编程序控制器（PLC）是以微处理器为核心，利用计算机技术组成的通用电控装置，一般具有开关量和模拟量输入 / 输出、逻辑运算、四则算术运算、计时、计数、比较、通信等功能。因为它是通用装置，而且是在具有完善质量保证体系的工厂中批量生产的，因而具有可靠性高、功能配置灵活、调试周期短、性能价格比高等优点。PLC 与计算机和固体电子电路控制系统的最大区别还在于 PLC 备有编程器，通过编程器可以利用人们熟悉的传统方法（如梯形图）编制程序，简单易学。另外，通过编程器可以在现场很方便地更改程序，从而大大缩短了调试时间。因此，在组合机床和自动线上大都已采用 PLC 系统。

（三）带有数控功能的 PLC

将数控模块插入 PIC 母线底板或以电缆外接于 PLC 总线，与 PLC 的CPU 进行通信，这些数字模块自备微处理器，并在模块的内存中存储工件程序，可以在 PLC 系统中独立工作，自动完成程序指定的操作。这种数控模块一般可以控制 1~3 根轴，有的还具有 2 轴或 3 轴的插补功能。

（四）分布式数控系统（DNC）

对于复杂的数控组合机床自动线，分布式数控系统是最合适的系统。分布式数控系统是将单轴数控系统（有时也有少量的 2 轴、3 轴数控系统）作为控制基层设备级的基本单元，与主控系统和中央控制系统进行总线连接或点对点连接，以通信的方式进行分时控制的一种系统。

第五节　计算机控制技术

计算机在机械制造中的应用已成为机械制造自动化发展中的一个主要方向，而且其在生产设备的控制自动化方面起着越来越重要的作用。

一、普通数控机床的控制

普通数控（NC）机床，包括具有单一用途的车床、钻床、铣床、镗床、磨床等。它们是采用专用的计算机或称"数控装置"，以数码的形式编制加工程序，控制机床各运动部件的动作顺序、速度、位移量及各种辅助功能，以实现机床加工过程的自动化。

二、加工中心的控制

加工中心（MC）是一种结构复杂的数控机床，它能自动地进行多种加工，如铣削、钻孔、镗孔、钯平面、铰孔、攻螺纹等。工件在一次装夹中，能完成除工件基面以外的其余各面的加工。它的刀库中可装几种到上百种刀具，以供选择，并由自动换刀装置实现自动换刀。可以说，加工中心的实质就是能够自动进行换刀的数控机床。加工中心目前多数都采用微型计算机进行控制。加工中心能够实现对同族零件的自动加工，变换品种方便。然而，由于加工中心投资较大，所以要求机床必须具有很高的利用率。

三、计算机数控

计算机数控（CNC）与普通数控的区别在于前者在数控装置部分引入了一台微型通用计算机。它具有功能适应性强，工艺过程控制系统和管理信息系统能密切配合，操作方便等优点。然而，这种控制系统只是在出现了价格便宜的微型计算机以后，才得到了较快的发展。

四、计算机群控

计算机群控系统由一台计算机和一组数控机床组成，以满足各台机床共享数据的需要。它和计算机数控系统的区别是用一台较大型的计算机来代替专用的小型机，并按分时方式控制多台机床。一个计算机群控系统它包括一台中心计算机、给各台数控机床传送零件加工程序的缓冲存储器以及数控机床等部分。

中心计算机要完成三项有关群控功能：①从缓冲存储器中取出数控指令；②将信息按照机床进行分类，然后去控制计算机和机床之间的双向信息流，使机床一旦需要数控指令时便能立即予以满足，否则，在工件被加工表面上会留下明显的停刀痕迹，这种控制信息流的功能称为通道控制；③中心计算机还处理机床反馈信息，供管理信息系统使用。

（一）间接式群控系统

间接式群控系统又称纸带输入机旁路式系统，它是用数字通信传输线路将数控系统和群控计算机直接连接起来，并将纸带输入机取代掉（旁路）。

可以看出，这种系统只是取代了普通数控系统中纸带输入机这部分功能，数控装置硬件线路的功能仍然没有被计算机软件取代，所有分析、逻辑和插补功能，还是由数控装置硬件线路来完成。

（二）直接式群控系统

直接式群控（DNC）系统比间接式群控系统向前发展了一步，由计算机代替硬件数控装置的部分或全部功能。根据控制方式，又可分为单机控制式、串联式和柔性式三种基本类型。

在直接式群控系统中，几台乃至几十台数控机床或其他数控设备，接收从远程中心计算机（或计算机系统）的磁盘或磁带上检索出来的遥控指令，这些指令通过传输线以联机、实时、分时的方式送到机床控制器（MCU），实现对机床的控制。

直接群控系统的优点：①加工系统可以扩大；②零件编程容易；③所有必需的数据信息可存储在外存储器内，可根据需要随时调用；④容易收集与生产量、生产时间、生产进度、成本、刀具使用寿命等有关的数据；⑤对操作人员技术水平的要求不高；⑥生产率高，可按计划进行工作。

这种系统投资较大，在经济效益方面应加以考虑。另外，如果中心计算机一旦发生故障，会使直接群控系统全部停机，这会造成重大损失。

五、适应控制

在实际工作中，大多数控制系统的动态特性不是恒定的。这是因为各种控制元件随着使用时间的增加在老化，工作环境在不断变化，元件参数也在变化，致使控制系统的动态特性也随之发生变化。虽然在反馈控制中，系统的微小变化对动态特性的影响可以被减弱，然而，当系统的参数和环境变化比较显著时，一般的反馈控制系统将不能保持最佳使用性能。这时只有采用适应能力较强的控制系统，才能满足这一要求。

所谓适应能力，就是系统本身能够随着环境条件或结构的不可预计的变化，自行调整或修改系统的参量。这种本身具有适应能力的控制系统，称为适应控制系统。

在适应控制系统中，必须能随时识别动态特性，以便调整控制器参数，从而获得最佳性能。这点具有很大吸引力，因为适应控制系统除了能适应环境变化以外，还能够适应通常工程设计误差或参数的变化，并且对系统中较次要元件的破坏也能进行补偿，因而增加了整个系统的可靠性。

例如，在数控机床上，刀具轨迹、切削条件、加工顺序等都由穿孔带或计算机命令进行恒定控制，这些命令是一套固定的指令，虽然刀具不断磨损、切削力和功率已增加，或因各种原因使实际加工情况发生了改变，而这些变化是人不知道的，但机器所使用的程序却能自动适应这些情况的变化。因此，在制备程序时，编程人员必须计算出能适应最坏情况的一套"安全"

加工指令。

采用适应控制技术，能迅速地调节和修正切削加工中的控制参数（切削条件），以适应实际加工情况的变化，这样才能使某一效果指标，如生产率、生产成本等始终保持最优。

适应控制的效果主要取决于机床上所用的传感器，在机床工作期间，传感器要经常检测动态工作情况，如切削力、主轴转矩、电动机负荷、刀具变形、机床和刀具的振动、工件加工精度、加工表面的表面粗糙度、切削温度、机床热变形等。由于刀具磨损和刀具使用寿命在实际加工中很难测量，因此可通过上述测量间接地加以估算。这些可以作为对适应控制系统的输入，再经过实时处理，便可确定下一瞬间的最优切削条件，并通过控制装置仔细地调整主轴转速、进给速度或拖板移动速度，便可实现切削加工的实时优化。

利用适应控制系统，能够保护刀具，防止刀具受力过大，从而提高刀具的使用寿命，也就能保证加工质量。另外，还能简化编程中确定主轴转速和进给速度的工作，这样就能提高生产率。

第六节　典型控制技术的应用

一、步进电动机的控制

步进电动机是一种将电脉冲转化为角位移的执行机构。当步进驱动器接收到一个脉冲信号时，它就驱动步进电动机按设定的方向转动一个固定的角度（步进角）。可以通过控制脉冲个数来控制角位移量，从而达到准确定位的目的；同时可以通过控制脉冲频率来控制电动机转动的速度和加速度，从而达到调速的目的。

（一）步进电动机的特点

（1）电动机旋转的角度与脉冲数成正比。

（2）电动机在停转时具有最大的转矩（当绕组励磁时）。

（3）由于每步的精度为3%～5%，而且不会将前一步的误差累积到下一步，因而有较好的位置精度和运动的重复性。

（4）能够实现快速的起停和反转响应。

（5）由于没有电刷，可靠性较高，因此电动机的寿命仅取决于轴承的寿命。

（6）电动机的响应仅由数字输入脉冲确定，因而可以采用开环控制，这使得电动机的结构可以比较简单，容易控制成本。

（7）仅仅将负载直接连接到电动机的转轴上，也可以获得极低速的同步旋转。

（8）由于速度与脉冲频率成正比，因而有比较宽的转速范围。

（9）可以达到步进电动机外表允许的最高温度。

但是步进电动机也存在一些不足：如果控制不当容易产生共振；难以运转到较高的转速；难以获得较大的转矩；在体积、重量方面没有优势，能源利用率低；超过负载时会破坏同步，高速工作时会产生振动和噪声；步进电动机的力矩会随转速的升高而下降；低速时可以正常运转，但若高于一定速度就无法起动，并伴有啸叫声。

步进电动机有一个技术参数：空载起动频率，即步进电动机在空载情况下能够正常起动的脉冲频率。如果脉冲频率高于该值，则电动机将不能正常起动，可能发生丢步或堵转。在有负载的情况下，起动频率应更低。如果要使电动机达到高速转动，脉冲频率应该有加速过程，即起动频率较低，然后按一定的加速度升到所希望的高频（电动机转速从低速升到高速）。

步进电动机作为执行元件，是机电一体化的关键产品之一，广泛应用在各种自动化控制系统中。随着微电子和计算机技术的发展，步进电动机的需求量与日俱增，在国民经济的各个领域都有应用。目前，打印机、绘图仪、机器人等设备都以步进电动机为动力核心。随着不同的数字化技术的发展以及步进电动机本身技术的提高，步进电动机将在更多领域得到应用。

步进电动机必须加驱动才可以运转，驱动信号必须为脉冲信号。没有脉冲的时候，步进电动机静止，如果加入适当的脉冲信号，它就会以一定的步进角转动，改变脉冲的顺序，可以方便地改变转动的方向。

（二）步进电动机控制原理

步进电动机的转动需要由步进驱动器驱动，驱动器由控制器控制，控制器由控制指令控制。如果步进电动机带动执行元件运动，一般需要设置左、右限位开关，以防止执行元件超过行程。

步进电动机分三种：永磁式（PM）、反应式（VR）和混合式（HB）。永磁式步进电动机一般为两相，其转矩和体积较小，步进角一般为7.5°或15°；反应式步进电动机一般为三相，可实现大转矩输出，步进角一般为1.5°，但噪声和振动都很大，在欧美等发达国家已被淘汰；混合式步进电动机结合了永磁式和反应式的优点，它又分为两相和五相，两相步进角一般为1.8°，五相步进角一般为0.72°，这种步进电动机的应用最为广泛。

二、交流伺服电动机的控制

伺服电动机的主要特点是，当信号电压为零时无自转现象，转速随着转矩的增加而匀速下降。伺服电动机又称执行电动机，在自动控制系统中，用作执行元件，把接收到的电信号转换成电动机轴上的角位移或角速度输出。

交流伺服电动机是交流电动机的一种，它通过伺服驱动器的矢量控制理论控制电动机的转矩、速度、位置等。交流伺服电动机转子的电阻一般很大，当控制电压消失后，由于有励磁电压，此时的交流伺服电动机中有脉振磁动势，这样可以防止自转。交流伺服是一种带编码器的同步电动机，其效果比直流伺服稍差一些，但维护方便；缺点是价格高、调速精度比直流调速系统低。

（一）交流伺服电动机的特点

（1）精度。实现了位置、速度和力矩的闭环控制，克服了步进电动机失步的问题。

（2）转速高速性能好，一般额定转速能达到2000～3000r/min。

（3）适应性。抗过载能力强，能承受3倍于额定转矩的负载，对有瞬间负载波动和要求快速起动的场合特别适用。

（4）稳定性。低速运行平稳，不会产生类似于步进电动机的步进运行现象，适用于有高速响应要求的场合。

（5）及时性。电动机加减速的动态响应时间短，一般在几十毫秒之内。

（6）舒适性。发热和噪声明显降低。

交流伺服电动机的应用广泛，只要是需要动力源，而且对精度有要求的设备，一般都会使用交流伺服电动机，如机床、印刷设备、包装设备、纺织设备、激光加工设备、机器人、自动化生产线等对工艺精度、加工效率和工作可靠性等要求较高的设备。

（二）交流伺服电动机的控制原理

交流伺服电动机的转动需要由交流伺服驱动器驱动，交流伺服驱动器通过控制器与工控机相连，通过软件控制相应的接口，实现对交流伺服电动机的控制。如果由交流伺服电动机带动执行元件运动，一般需要设置左、右限位开关，以防止执行元件超过行程。

第四章　机械制造自动化技术

第一节　制造自动化技术概述

一、制造自动化技术的内涵

制造自动化是人类在长期的生产活动中不断追求的主要目标之一，制造自动化技术是先进制造技术中的重要组成部分。"自动化（Automation）"是美国人 D.S.Harder 于 1936 年提出的。他在通用汽车公司工作时，认为在一个生产过程中，机器之间的零件转移不用人去搬运就是"自动化"，这实质是早期制造自动化的概念。在很长一段时间内，人们对制造自动化的概念狭义地理解为用机器（包括计算机）代替人的体力劳动或脑力劳动。随着制造技术、电子技术、控制技术、计算机技术、信息技术、管理技术的发展，制造自动化已远远突破了传统的概念，具有了更加宽广和深刻的内涵。

制造自动化是指"大制造概念（广义）"的制造过程的所有环节采用自动化技术，实现制造全过程的自动化。也就是对制造过程进行规划、运作、管理、组织、控制与协调优化，以使产品制造过程实现高效、优质、低耗、及时和洁净的目标。制造自动化的广义内涵至少包括以下几个方面：

（一）形式

形式有三个方面的含义，即代替人的体力劳动，代替或辅助人的脑力劳动，制造系统中人、机器及整个系统的协调、管理、控制和优化。

（二）功能

制造自动化的功能目标是多方面的，可用 TQCSE 功能目标模型描述。其中的 T、Q、C、S、E 是相互关联的，它们构成制造自动化功能目标的有机体系。其含义如下：

（1）T 表示时间（Time），指采用自动化技术，缩短产品制造周期，加速产品上市，提高生产率。

（2）Q 表示质量（Quality），指采用自动化技术，提高和保证产品质量。

（3）C 表示成本（Cost），指采用自动化技术有效地降低成本，提高经济效益。

（4）S 表示服务（Service），指利用自动化技术，更好地做好市场服务工作，也能通过替代或减轻制造人员的体力和脑力劳动，直接为制造人员服务。

（5）E 表示环境（Environment），其含义是制造自动化应该有利于充分利用资源，减少废弃物和环境污染，有利于实现绿色制造及可持续发展制造战略。

（三）范围

制造自动化不仅涉及具体生产制造过程，而且涉及产品生命周期的所有过程。它主要包括制造系统开放式智能体系结构、优化与调度理论、生产过程和设备自动化技术以及产品研究与开发过程自动化技术等。其中产品研究与开发过程自动化技术包括：CAD/CAPP/CAM 一体化技术、并行工程技术、虚拟现实和制造技术及增材制造技术等。

就制造自动化技术的技术地位而言，制造自动化代表着先进制造技术的水平，促使制造业逐渐由劳动密集型产业向技术密集型和知识密集型产业转变，是制造业发展的重要表现和重要标志。制造自动化技术也体现了一个国家的科技水平。采用制造自动化技术可以有效改善劳动条件，提高劳动者的素质，显著提高劳动生产率，大幅度提高产品质量，促进产品更新，带动相关技术的发展，有效缩短生产周期，显著降低制造成本，提高经济效益，大大提高企业的市场竞争能力。

二、制造自动化技术的关键技术

制造自动化技术涉及的学科范围很宽，但核心仍是制造科学和技术，其学科领域主要有系统工程学、设计与制造科学、质量控制工程、信息科学、计算机科学、人机工程学、生产管理、自动控制理论、运筹学、工业工

程、规划论、电气工程、技术经济学等。

制造自动化技术在形式、功能、范围、学科领域等方面的广义内涵，决定了其所涉及的关键技术众多。其关键技术主要有以下方面：

（一）制造自动化系统开放式智能体系结构的研究

开展此项研究的目标是使制造系统具备自组织和并行作用的能力，充分利用分布式计算机技术、网络技术等，使制造自动化向柔性化、集成化、智能化和全球化方向发展。该技术研究集中在以下几个方面。

（1）分布式、协同处理的制造自动化体系结构，如柔性制造环境下制造系统自组织技术基础的研究，通信协议各异的异构设备集成的研究，由智能设计机器、智能加工工作站及智能控制器等构成的分布式、协同处理结构的研究。

（2）以人为中心的自动化制造系统，研究人机的适度集成，制造自动化系统和技术同个体和组织创新、体制革新的关系，如何把人的知识和智能活动有效集成入整个系统乃至各个方面。

（3）基于因特网的制造自动化系统，研究面向全球制造的开放式自动化系统及集成平台，开发协作式开放制造集成网络基础结构，研究基于信息高速公路的数据库技术、设备重组和资源重用，以及能自动进行产品建模逆工程集成等技术，运用面向对象方法和高级计算机编程语言研究基于 www（World Wide Web）的产品建模、生产调度管理和并行控制的方法和技术。

（二）智能 4M 系统关键技术的研究

智能 4M 系统就是将建模（Modeling）、加工（Manufacturing）、测量（Measuring）、机器人操作（Manipulation）四者一体化的智能系统，实现信息共享，促进建模、加工、测量、装夹、操作的一体化，其目的是实现快速制造、快速检测、快速响应和快速重组。智能 4M 系统的主要研究内容是：信息共享和集成、传感器信息的处理和融合、系统建模理论及方法、系统结构和功能模型、一体化的制造仿真与控制语言研究，形成面向用户的柔性加工高层控制语言、几何信息提取、特征映射方法和 4M 系统信息集成的研究。

(三) 制造自动化系统的优化理论与调度方法的研究

制造系统是一类离散事件动态系统（Discrete Event Dynamic System，DEDS），对其物流、信息流以及各种资源的规划、调度和控制等有独特的要求。对这类系统更精确地描述、分析和控制，需要在离散事件动态系统理论方面进一步突破。同时，把实现各种先进的制造理论和管理策略，如虚拟企业、敏捷制造、精良生产、及时生产等，作为先进制造模式赖以实现的基础之一，生产组织与过程优化中决策调度的成功与否对上述目标的实现有着最为直接的影响。

(四) 面向制造自动化的虚拟制造技术研究

虚拟制造关键技术的研究可分为四个层次，即虚拟制造理论研究、虚拟制造技术层、虚拟制造原型系统层、虚拟制造集成开发平台层。虚拟制造理论的研究为制造企业敏捷制造提供指导思路，在信息集成基础上，通过组织管理、技术、资源和人机集成实现产品的开发过程的集成。虚拟制造技术层的研究为 VM 的实施和虚拟制造系统（VMS）的建立提供了理论和技术上的支持，它由建模、仿真、控制等三大主体技术群和一个支撑技术群组成。

（1）建模技术群。用来开发 VMS 中各种模型的技术与方法，包括产品过程及生产系统建模技术，虚拟公司建模技术，虚拟制造环境与现实制造环境之间结构、功能映射关系的管理、维护、监控和更新问题，基于分布式并行处理模式下的虚拟制造开放式体系结构研究，面向整个产品的生命周期综合经济模型和产品评价体系。

（2）仿真技术群。即由运行和操作构成 VMS 的各种模型的方法和技术，其对分布式交互仿真技术和虚拟现实技术有更新的要求。

（3）控制技术群。即建模过程、仿真过程所用到的各种管理、组织与控制技术和方法，主要包括：模型部件的组织、调度策略及交换技术，仿真过程的工作流程与信息流程控制，虚拟制造方法论；概念设计与制造方法、加工过程、成本估计集成技术，动态的、分布式的、协作模型的集成技术；虚拟制造环境下，产品开发过程中的调度与控制机制，以及面向产品开发过程的组织与管理等问题的研究。

（4）支撑技术群。即支持虚拟制造系统开发控制与运行的基础性技术，主要包括：数据库技术，人工智能在制造企业各级组织、产品生命周期各个阶段决策中应用的研究，系统集成技术，虚拟环境下分布式并行处理多智能主体协同求解技术与系统的研究，以及全局最优决策理论和技术，综合可视化技术在虚拟制造环境构造中的应用，计算机软硬件技术以及通信技术。

在虚拟制造理论和技术研究的基础上，从产品整个生命周期的各个阶段、制造企业的各个组成要素、原型系统规模等三个方面进行虚拟制造原型系统的研究和开发。

虚拟制造集成开发平台层就是在理论研究和制造原型系统的开发基础上，从集成开发平台的要求出发，对虚拟制造的通用功能、模块以及子系统等方面进行归纳整理后构造出来的，以适应灵活方便地建立不同产品和制造环境的虚拟制造系统的需求，主要研究内容有集成开发平台体系结构研究、构件库管理系统及构件集的建立、构件重用技术的研究、自适应开发界面研究。

（五）CAD/CAPP/CAM 一体化技术的研究

CAD/CAPP/CAM 一体化是一项综合性的高新技术，当前正朝着集成化、智能化、可视化和标准化方向发展。主要研究内容有：CAD 系统面向产品的整个生命周期，充分考虑产品信息的继承性，满足并行设计的要求，与产品信息标准化相结合，提升产品模型的可转换性，面向全国乃至全球的产品信息编码系统等方面的研究；具有很好的可移植性和自组织性的软件系统、智能化 CAD 系统、虚拟现实设计技术的研究。CAD/CAPP/CAM 一体化技术的一个重要的研究内容就是 CAPP 技术的研究，主要有基于并行工程的 CAPP 技术、虚拟制造模式下的 CAPP 技术、基于 PDM 的 CAD/CAPP/CAM 集成系统、面向 CIMS/CAPP 的集成开发平台等。

（六）面向制造自动化的数控技术的研究

数控技术是自动化技术的基础及关键的单元技术，又是精密、高效、高可靠性加工技术的支撑，它正朝着集成化和实用化方向发展。对数控技术的研究与开发重点是：开放性结构系统，采用新元件、新工艺；不断改善和扩

展以高精、高速、高效为代表的功能模块，改善和发展伺服技术，采用通信技术，研制开发超精数控系统等。

（七）柔性制造技术和智能制造技术的研究

柔性制造系统的理论和技术所涉及的领域很广，主要包括：生产调度理论与算法的研究，涉及数学规划、图论、对策论、排队论、人工神经网络方法、Petri网理论等应用数学理论及方法；计算机通信及数据库技术的研究；计算机仿真技术的研究；生产组织及控制模式理论和技术的研究，主要涉及动态逻辑单元重构理论、多黑板结构模型的智能单元控制理论、系统扰动及再调度理论和技术、JIT技术、开放式体系结构等；制造资源控制管理理论和技术的研究，主要涉及刀具管理理论及技术、加工设备的实时调度技术、物料储运系统（如立体仓库）等控制技术。

智能制造技术是指在制造系统及制造过程的各个环节通过计算机实现人类专家制造智能活动（包括分析、判断、推理、构想、决策等）的各种制造技术的总称，它是人工智能技术与制造技术的有机结合。智能制造系统智能化的研究内容有个体"智能化"水平、系统的自组织能力、分布协同求解、制造智能的集成、人机智能的柔性交互与协同等。

第二节　数控技术

一、数控技术基本概念

数控技术（Numerical Control，NC）指采用计算机技术对产品加工过程进行数字化信息处理与控制，从而实现生产自动化、提高综合效益的一门技术。它根据设计和工艺要求，利用计算机进行拟加工产品的建模、存储、修改并将其转化为其他伺服设备能够识别的信号，从而实现对设备的控制，最终实现产品的数字化控制加工。数控技术是机械、电子、自动控制、计算机和检测技术深度融合、综合应用的机电一体化高新技术，是实现制造过程自动化的基础和自动化柔性系统的核心，是现代集成制造系统的重要组成部分。数控技术把机械装备的功能、效率、可靠性和产品质量提高到了一个新

水平，使传统的制造业发生了极其深刻的变化，而且随着数控技术的进一步深化和发展，数控加工必将成为未来加工方法的主流。

二、数控机床编程

数控机床编程可由操作者手工编制，也可借助于 CAD/CAM 软件系统完成。

手工编程不用任何编程工具，完全由人工完成从工艺分析、数值计算乃至数控代码编制等编程任务。但手工编程方法只能从事一些几何结构比较简单、计算量不大、程序段不多的零件程序的编制，而对于一些如带有非圆曲面的凸轮、模具等复杂结构零件，手工编程往往无法实现，必须借助于 CAD/CAM 软件工具来完成。

在系统给定环境下，首先进行零件实体几何建模，建立被加工零件的三维几何模型，或调用已有的零件实体模型；其次利用所建几何模型对编程对象进行工艺分析，选择零件加工型面，定义刀具类型及其几何参数，指定装夹方式和加工坐标系统，确定对刀点，选择走刀方式和切削用量等；再次由系统自动完成刀具路径计算、刀位文件生成、后处理等编程任务；最后生成所需的数控加工程序。

应用 CAD/CAM 软件系统编程，整个编程过程在系统图形环境下进行。在系统菜单和用户界面的引导提示下，编程者仅需交互完成零件实体结构几何建模和相关工艺参数设定，其余刀具路径计算、刀位文件生成、后处理等大量计算处理工作完全由系统自动完成，大大提高了编程效率和编程质量。

三、数控技术的相关应用

数控技术是从机床方面发展而来的，但其应用却不仅限于数控机床装备，由于数控编程具有可模拟性、易于实现控制、便于检测调整，被广泛应用于工业机器人、矿山机械和汽车等行业，在工业生产中发挥着重要作用。

（一）机床装备

数控技术首先在机床方面得到发展，也在数控机床装备上得到了最广泛的应用。数控机床在机械制造业中居于核心地位，面对更高端、更苛刻的加工要求，机械制造业迫切需要具备控制能力的数控机床设备，用来加工精

密、复杂的机械零件，应用于航空航天、武器装备等方面。目前，以数控机床装备为支撑形成的先进制造业，其加工精度和制造能力是体现一个国家整体国力和制造水平的重要标志。以计算机技术为核心的数控技术为机械制造业提供了先进的控制能力，计算机软、硬件与机械相结合，提高了机床装备的制造能力和控制水平，可以通过软件设置来控制主轴速度变化、选择刀具和启动冷却泵等多种繁杂的操作，并且可以模拟加工过程，实时反馈加工效果，当出现紧急情况时，可以做出有效的中断，实现网络化控制和实时监测加工，提高了制造业整体的加工精度和水平。

（二）工业机器人

其他工业机器设备，如工业机器人就是数控技术的典型应用。工业机器人被广泛用于高温和恶劣等的高危环境下工作，可替代人的劳动，完成人不方便完成或者不能完成的工作，是目前热门的发展产业，有着巨大的发展潜力和应用前景。使用机器人代替人的劳动，可以充分保障人员安全。通过采用计算机编写其操作程序，实现了机器人的自动化控制，其工作的可靠性和实效性更强。在实际作业中，它还能够凭借它自身的传感器检测系统进行同步检测，发现故障、问题，能够发出预警提示，使操作人员及时发现问题并采取相应措施加以解决。

（三）矿山机械

数控技术在矿山机械制造中同样得到了广泛应用。以采煤机为例，其样式繁多，同时更新交替的时间也越来越短，生产数量也不多。采煤机的机械外壳多半是以焊件为主，用传统的机械技术进行下料，容易造成材料浪费严重，成本过高；而采用现代数控技术，可以方便地实现单件下料，具有效率高、成本低的技术优势。数控气割机可以采用数控操作把一些零件割出坡口，从而加快了工作进程，提高了工作效率，其还能够精确地控制切缝的补偿值，从而精确掌控工件加工余量。

（四）汽车行业

随着社会的发展和人们生活水平的提高，人们对汽车的需求依然强劲，

同时也要求汽车行业的生产更加自动化、批量化和高技术化，随之而来对汽车零部件的生产需求也就更加强烈。在这种形势下，以数控技术为支撑构建的汽车全自动生产流水线和零部件生产流水线，使汽车行业零部件制造质量更加完善，不仅满足了市场对产品的质量需求，而且大幅度降低了汽车零部件的加工成本，这是以高技术为驱动的行业生产力的增长，是先进制造技术发挥的重要作用。数控技术在该行业中的广泛应用，使汽车零部件加工完全可以实现多规模、小批量的高效生产。除此之外，数控技术中的虚拟现实技术和计算机辅助制造技术，都被广泛运用于汽车制造领域。在未来，数控技术将继续长期领跑企业制造工业。

第三节 柔性制造技术

一、柔性制造系统的定义

柔性制造技术（Flexible Manufacturing Technology，FMT）是一种主要用于多品种、中小批量或变批量生产的制造自动化技术，它是对有效地且适应性地将各种不同形状的加工对象转化为成品的各种技术的总称。FMT 的根本特征是"柔性"，是指制造系统（企业）对系统内部及外部环境的一种适应能力，也是指制造系统能够适应产品变化的能力。

FMT 是计算机技术在生产过程及其装备上的应用，是将微电子技术、智能化技术与传统加工技术融合在一起，具有先进性、柔性化、自动化、效率高等特点的制造技术。FMT 是在机械转换、刀具更换、夹具可调、模具转位等硬件柔性化的基础上发展起来的，已成为自动变换、人机对话转换、智能化任意变化地对不同加工对象实现程序化柔性制造加工的一种技术，是自动化制造系统的基本单元技术。

柔性制造系统（Flexible Manufacture System，FMS）是在计算机统一控制下，由物料运储系统将若干台数控加工设备连接起来，构成适合于多品种、中小批量生产的一种先进制造系统，也是当前制造技术水平层次最高、应用较为广泛的机械制造装备。

二、柔性制造系统的组成

FMS 主要包括加工子系统、物料运储子系统和计算机控制子系统三大部分，也可进一步将物料运储子系统分为工件运储子系统和刀具运储子系统。

（1）加工子系统，由两台以上的 CNC 机床、加工中心或柔性制造单元（FMC）以及其他如测量机、动平衡机和各种特种加工设备组成。

（2）工件运储子系统，负责对工件、原材料以及成品件的自动装卸、输运和存储等作业任务，由工件装卸站、自动化输运小车、工业机器人、托盘缓冲站、托盘交换装置、自动化仓库等组成。

（3）刀具运储子系统，包括中央刀库、机床刀库、刀具预调站、刀具装卸站、刀具输运小车、工业机器人、换刀机械手等。

（4）计算机控制子系统，负责 FMS 计划调度、运行控制、物流管理、系统监控和网络通信等任务。

除了上述基本组成部分之外，FMS 还包含冷却润滑系统、切屑输运系统、自动清洗装置、自动去毛刺设备等附属系统。

三、柔性制造系统的分类

按系统规模和投资强度，FMS 可分为以下三类。

（1）柔性制造模块（Flexible Manufacturing Module，FMM）。FMM 指一台扩展了自动化功能的数控机床，如刀具库、自动换刀装置、托盘交换器等，FMM 相当于功能齐全的加工中心。

（2）柔性制造单元（Flexible Manufacturing Cell，FMC）。FMC 由单台带多托盘系统的加工中心或三台 CNC 机床组成，除了能够自动更换刀具之外，还配有储存工件的托盘站和自动上、下料的工件交换台，具有适应加工多品种产品的灵活性。FMC 自成体系，成本低、功能完善、占地面积小，有廉价小型 FMS 之称。

（3）柔性制造生产线（Flexible Manufacturing Line，FML）。FML 的加工设备在采用通用数控机床的同时，更多地采用数控组合机床，如可换主轴箱机床、数控专用机床等，是处于非柔性自动线和 FMS 之间的生产线，对物

料系统的柔性要求低于 FMS，但生产效率更高。FML 采用的机床大多为多轴主轴箱的换箱式或转塔式组合加工中心，能同时或依次加工少量不同的零件。

四、柔性制造系统的特点

(一) 柔性制造系统特点

柔性制造系统具有以下特点：

(1) 柔性高。具有较高的多变性和灵活性，能在不停机调整的情况下，完成多种不同工艺零件的加工和不同型号产品的装配，满足多品种、中小批量的个性化加工需求。

(2) 效率高。能采用合理的切削用量实现高效加工，同时使辅助时间、准备时间和终结时间缩短到最低程度。

(3) 自动化程度高。加工、装配、检验、搬运和仓库存取等自动完成，使得多品种成组生产达到高度自动化，自动更换工件、刀具和夹具，实现自动装夹和运输，有很强的系统软件功能。

(4) 经济效益好。可以大大减少机床数目、减少操作人员，提高机床的利用率、缩短生产周期、降低产品成本，可以削减零件成品仓库的库存、大幅度减少流动资金、缩短资金的流动周期，可取得较高的综合经济效益。

(二) 理想柔性制造系统的柔性

关于理想柔性制造系统的柔性，有关专家认为应具有以下几种柔性；

(1) 设备柔性。设备柔性指制造系统中能加工不同类型零件所应具备的转换能力，其中包括刀具转换、夹具转换等。衡量指标是当加工对象变化时，系统软、硬件变更与调整所需的时间。

(2) 工艺柔性。工艺柔性指制造系统能以多种工艺方法加工某一零件组的能力，如镗、铣、钻、铰、攻螺纹等加工。衡量指标是系统能够同时加工的零件品种数。

(3) 工序柔性。工序柔性指制造系统能自动改变零件加工工序的能力。其衡量指标是系统以实时方式进行工艺决策和现场调度的水平。

（4）路径柔性。路径柔性指制造系统能自动变更零件加工路径，如遇到系统中某台设备故障时，能自动将工件转换到另一台设备上加工，可以根据负荷自动改变加工路线，提高利用率，缩短等待时间。其衡量指标是系统发生故障时，生产量的下降程度或处理故障所需的时间。

（5）产品柔性。产品柔性指制造系统能够经济而迅速地转换到生产一族新产品的能力。其衡量指标是系统从一族零件转向另一族零件所需的时间。

（6）批量柔性。批量柔性指制造系统在不同批量下运行都能获取经济效益。其衡量指标是系统保持经济效益的最小运行批量。

（7）扩展柔性。扩展柔性指制造系统根据生产需要方便地进行模块化组建和扩展的能力。其衡量指标是系统可扩展的规模和扩展的难易程度。

四、柔性制造系统的发展趋势

FMS 已渗透、扩散到制造业的各个领域，并对生产方式产生了深远的影响。制造柔性是由企业的长期战略考虑而产生的一种生产与经营决策，故制造柔性不仅仅是一个技术问题，而且也涉及企业自身的具体情况和条件。FMS 的发展方向主要集中在以下几个方面：

（1）向小规模的柔性制造单元（FMC）发展。由于 FMC 的规模小，投资少，技术综合性和复杂性低，规划、设计、论证和运行相对简单，易于实现，风险小，而且易于扩展。因此，采用由 FMC 到 FMS 的规划，既可以减少一次性投入的资金，使企业易于承受，又可以降低风险，一旦运用成功就可以获得一定的经济效益，为下一步扩展提供资金和经验积累，便于掌握 FMS 的复杂技术，使 FMS 的实施更加稳妥。另外，现在的 FMC 已经具有 FMS 所具有的加工、制造、运贮、控制及协调功能，还具有监控、通信、仿真、生产调度管理乃至人工智能等功能，在某一具体类型的加工中可获得更大的柔性，提高生产率，增加产量，改进产品质量。目前国内外众多厂商将 FMC 列为发展的重点之一。

（2）朝多功能方向发展。真正完善的新一代 FMS 将是智能化机械与人相互融合，柔性地全面协调从接受订单至生产、销售这一企业生产经营的全部活动。由单纯加工型 FMS 进一步开发以焊接、装配、检验及板材加工乃至铸、锻等制造工序兼具的多种功能 FMS。FMS 是实现未来企业的新颖概

念模式和新的发展趋势，是决定制造企业未来发展前途的具有战略意义的举措。FMS 是在自动化技术、信息技术及制造技术的基础上，将以往企业中相互独立的工程设计、生产制造及经营管理等过程，在计算机及其软件的支撑下，构成一个覆盖整个企业的完整而有机的系统，以实现全局动态最优化、总体高效益、高柔性，并进而赢得竞争全胜的智能制造系统。

（3）从计算机集成制造系统（CIMS）的高度考虑 FMS 规划设计。无论从理论上还是实践中都可以清楚地看到，FMS 是 CIMS 的重要组成部分，FMS 必须集成到 CIMS 大家庭，只有从整个企业优化的角度来考虑 FMS 才能获得预期的效果。

（4）FMS 的实施会越来越重视组织、管理和人的因素。除了现代化的软硬件外，人在自动化中的作用已经变得很重要，因为人的创造性、主观能动性是任何机器都无法代替的，所以要想成功实施 FMS，必须通过管理把技术、组织、人和策略集成在一起。

第四节　工业机器人

一、工业机器人技术概述

工业制造机器人是一个面向各种工业制造领域的多功能驱动机械或多自由度的小型机器驱动装置，它通常能自动执行各种工作。它是靠自身机械动力和人工控制能力结合实现各种工作功能的一种工业机器，是一种借助现代计算机科学技术自动模拟人脑，自动发出类似基于人类的各种行为控制指令，从而对各种日常操作过程完成的一种过程。因此，使用它可以使得系统工作的运行效率更高，系统的数据运行更加灵活也更加稳定，能够增强各种电子设备的综合自动化数据处理能力水平。

二、工业机器人特征

（一）可编程

生产自动化的进一步发展是柔性自动化。工业机器人可随其工作环境变化的需要而再编程，其中的一个重要组成部分。

（二）拟人化

工业机器人在机械结构上有类似人的行走、腰转、大臂、小臂、手腕、手爪等部分，在控制上有电脑。此外，智能化工业机器人还有许多类似人类的"生物传感器"，如皮肤型接触传感器、力传感器、负载传感器、视觉传感器、声觉传感器、语言功能等。传感器提高了工业机器人对周围环境的自适应能力。

（三）通用性

除了专门设计的专用的工业机器人外，一般工业机器人在执行不同的作业任务时具有较好的通用性。比如，更换工业机器人手部末端操作器（手爪、工具等）便可执行不同的作业任务。

（四）机电一体化

工业机器人技术涉及的学科相当广泛，但是归纳起来是机械学和微电子学的结合——机电一体化技术。第三代智能机器人不仅具有获取外部环境信息的各种传感器，而且还具有记忆能力、语言理解能力、图像识别能力、推理判断能力等人工智能，这些都和微电子技术的应用，特别是计算机技术的应用密切相关。因此，机器人技术的发展必将带动其他技术的发展，机器人技术的发展和应用水平也可以验证一个国家科学技术和工业技术的发展和水平。

三、工业机器人的构成

工业机器人通常由3个部分和6个子系统构成。3个部分主要有传感部分和机械部分以及控制部分；6个子系统主要是驱动系统、机械结构系统、机器人与环境交互系统、感知系统、控制系统以及人机交互系统。传感部分就是为了实现计算机命令，将该命令向机械语言进行转化；机械部分就是机器人需要的机械臂部和机械手腕以及行走设备等的操作机械；控制部分就是根据输入的流程，向执行机构和驱动程序发出指令性信息，并且控制其

信息。

(一) 驱动系统

驱动系统主要为各个机械部件提供动力，按照动力源不同，驱动系统可以分为电气式、机械式、气压式和液压式系统，每种驱动系统的传动方式也不同。其中，液压式驱动系统由油泵、油箱、电磁阀、油缸等部件构成。优点主要为操作力大、空间占用小、动作平稳，且有较高的耐冲击和耐振动效果，但缺点也非常明显，液压式驱动易漏油影响系统工作，且相对来说成本很高。气压式驱动系统的主要构成为空气压缩机、储气罐、气缸、气阀等，特点是维护方便、气源简单、速度高、成本低、高安全性，但是占地大、操作力度小，且由于采用了空气驱动，因此速度控制的稳定性较差，操作中很容易出现一定的冲击误差，且臂力较小，一般不高于300N。电气式驱动系统主要驱动力来源于电机，优势是电源获取方便，信号传递快速，有很快的响应速度和驱动力，是应用较多的类型。但在使用过程中必须采取必要的减速措施，常见的减速措施有谐波齿轮减速器、齿轮减速器等，电机类型应用较多的主要有 AC 伺服电机、DC 伺服电机、步进电机等；机械式驱动系统主要通过连杆、齿轮齿条、电机等连动和机械装置构成，有可靠的传动性，一般在操作简单的机械手中应用，优点是结构简单，缺点是操作精度较低。

(二) 机械结构系统

从总体上来看，工业机器人包括并联机器人和串联机器人。并联机器人，一个轴运动不改变另一个轴的坐标原点，例如，tripod 蜘蛛机器人；串联机器人，一个轴的运动会改变另一个轴的坐标原点，例如，六关节机器人。

(三) 机器人与环境交互系统

该系统是将外部环境中的设备与机器人的相互协调和联系得以实现的系统。外部设备和机器人集成一个功能的单元。

(四) 感知系统

感知系统就是将机器人内部的各种环境和状态信息向机器人自身的应用和理解的信息、数据进行转变，视觉感知技术是一个重要的方面，能够调整和控制机器人的姿态和位置。

(五) 控制系统

控制系统主要是结合传感器反馈的信号和机器人作业的指令，来对机器人执行机构进行支配，从而完成规定的功能和运动。

(六) 人机交互系统

人机交互系统就是人参与控制机器人和与机器人联系的装置。例如，指令控制台和计算机的标准终端以及信息显示板等。

四、工业机器人的应用

(一) 焊接机器人

焊接作为工业机器人所负责的主要工作流程，其可以被应用于汽车、船舶等领域的焊接中，尤其是船舶制造业，由于船舶构建的体积相对较大，因此多使用移动焊接机器人对其进行焊接。船舶焊接机器人通过对系统优化集成技术、协调控制技术以及精确焊缝轨迹跟踪技术，可以有效结合激光以及视觉传感器可进行离线工作的优点，从而提高了机器人对于复杂工件焊接的适应性，提高了焊接质量；同时，也可以利用无线通信技术实现掌上电脑与机器人的良好通信，从而进入封闭空间，实施无人化的焊接工作。

(二) 自动化装配线机器人

自动化装配线机器人主要包括旋转关节型、直角坐标型和平面关节型，如马丁路德公司的摩托车发动机装配线就使用了自动化装配线机器人进行操作，从而确保了连杆、活塞以及缸体等部件的自动化装配，在提高了装配工作效率的基础上，进一步利用视觉系统技术，确保零部件装配的精准性，

并使用力控软件实现对人类触觉的模仿，确保零件推动力度的合理性，以免对工件产生损伤。其中，垂直多关节型自动化装配机器人共包括 6 个自由度，可以于空间上的任意一点摆放处任意姿势，且操作较为简便。同时，自动化装配线机器人还包括双臂机器人，相较于传统的单臂机器人，其可以完成更为复杂的装配线工作，如 ABB 公司生产的 YuMi 双臂机器人，其主要用于小件装配，并配备了柔性机械手和进料系统等，同时还采用了固有安全级设计，可以降低装配的风险水平。

（三）搬运机器人

搬运机器人是在移动机器人的基础上，由计算机负责控制，具有移动、搬运、多传感器控制以及网络交互等主要功能，并被广泛应用于我国的各个领域当中。目前，常见的搬运机器人多为串联机器人，包括六轴和四轴两种类型，六轴机器人主要负责重物的搬运，但其速度相对较慢。四轴机器人虽然轴数较少，无法搬运重量过大的物件，但其运动速度相对较快，可以被应用于快速包装环节。如 ABB 公司所生产的 IRB7600 工业机器人，其是一种六轴机器人，最大承重力可达到 650kg；而 IRB660 机器人则为四轴机器人，最大承重力为 250kg，但其到达距离则达到了 3.15m。

（四）缝纫机器人

缝纫机器人是应用于服装生产行业中的工业机器人类型，服装产业作为一种传统的劳动密集型产业，美国亚特兰大市的 Softwear Automation 公司早在 2012 年便开始研发缝纫机器人技术，以此来取代传统的手工缝纫方式，期望以此来实现劳动密集型生产的机械自动化生产转型。缝纫机器人的设计目标是可以在针下精准地实现布料的移动，并在没有人力的干预下实现对服装的制造和生产。截至目前，缝纫机器人可以使用相机对布料进行"观察"，在机器臂的操作下，可以将缝纫的误差缩减至 0.5 毫米之内，但其目前仅可应用于短袖以及牛仔裤等简单衣物的缝纫。

（五）喷涂机器人

喷涂机器人无论在家具和汽车，还是搪瓷和电器等相关行业，应用都

比较广泛。工业社会在不断发展，对于喷涂的工艺，要求高效率和高强度地完成，因为喷涂工艺对于人体健康有一定的影响，所以，喷涂机器人脱颖而出。关节型的工业机器人自身具有速度快和自由度大以及工作空间运行比较灵活的优点，密封设计以后，对于运行轨迹复杂的操作更加适合。

五、工业机器人技术突破

(一) 信息处理速度的提高

机器人的动作通常是通过机器人各个关节的驱动电动机的运动而实现的。为了使机器人完成各种复杂动作，机器人控制器需要进行大量计算，并在此基础上向机器人的各个关节的驱动电动机发出必要的控制指令。随着信息技术的不断发展，CPU 的计算能力有了很大提高，机器人控制器的性能也有了很大提高，高性能机器人控制器甚至可以同时控制 20 多个关节。机器人控制器性能的提高也进一步促进了工业机器人本身性能的提高，并扩大了工业机器人的应用范围。近年来，随着信息技术和网络技术的发展，已经出现了多台机器人通过网络共享信息，并在此基础上进行协调控制的技术趋势。

(二) 传感器技术的发展

机器人技术发展初期，工业机器人只具备检测自身位置、角度和速度的内部传感器。近年来，随着信息处理技术和传感器技术的迅速发展，触觉、力觉、视觉等外部传感器已经在工业机器人中得到广泛应用。各种新型传感器的使用不但提高了工业机器人的智能程度，也进一步拓宽了工业机器人的应用范围。

工业机器人进入人类历史舞台从事生产活动已近半个世纪，经历了示教再现型机器人、具有感觉功能的第二代机器人和智能型第三代机器人的发展过程，现已从机械制造领域扩展到电子电器、冶金、化工、轻工、建筑、电力、邮电、军事、海洋、医疗、家庭及服务等行业。

中国工业机器人经过"七五"攻关计划、"九五"攻关计划和 863 计划的支持已经取得了较大进展，工业机器人市场也已经成熟，应用上已经遍及各

行各业，但进口机器人占了绝大多数。我国在某些关键技术上有所突破，但还缺乏整体核心技术的突破，具有中国知识产权的工业机器人则很少。目前我国机器人技术相当于国外发达国家20世纪80年代初的水平，特别是在制造工艺与装备方面，不能生产高精密、高速与高效的关键部件。我国目前取得较大进展的机器人技术有：数控机床关键技术与装备、隧道掘进机器人相关技术、工程机械智能化机器人相关技术、装配自动化机器人相关技术。现已开发出金属焊接、喷涂、浇铸装配、搬运、包装、激光加工、检验、真空、自动导引车等的工业机器人产品，主要应用于汽车、摩托车、工程机械、家电等行业。

我国机器人技术主题发展的战略目标是：根据21世纪初我国国民经济对先进制造及自动化技术的需求，瞄准国际前沿高技术发展方向创新性地研究和开发工业机器人技术领域的基础技术、产品技术和系统技术。未来工业机器人技术发展的重点有：第一，危险、恶劣环境作业机器人，主要有防暴、高压带电清扫、星球检测、油气管道等机器人；第二，医用机器人，主要有脑外科手术辅助机器人，遥控操作辅助正骨等；第三，仿生机器人，主要有移动机器人，网络遥控操作机器人等。其发展趋势是智能化、低成本、高可靠性和易于集成。

工业机器人发展长期以来受限于成本较高与国内劳动力价格低廉的状况，随着中国经济持续快速的发展，近几年的国内生产总值年平均增长率更是保持在9%左右，人民生活水平不断地提高，劳动力供应格局已经逐步从"买方"市场转为"卖方"市场、由供远大于求转向供求平衡。作为制造业主力的农民工也从早期的仅解决温饱问题到现在对薪资和工作条件提出了更高的要求。这些情况使得许多劳动密集型企业为了提高劳动生产率所采用的增加工人数量、延长工人劳动时间的方法变得成本高昂，同时也受到法律的限制和政策的阻碍。无论是企业还是社会，都认识到，必须采取从改善机器设备入手，提高技术和资金的密集度来减少用工量以应对这种改变。总之，劳动力过剩程度降低、单个工人成本上升、对产品质量更高的要求、国家对装备制造业的重视等变化改善了机器人的使用环境，工业机器人及技术在中国已逐步得到了政府和企业的重视。随着机器人知识的广泛普及，人们对于各种机器人的了解与认识逐步深入，利用机器人技术提升我国工业发展水

平，从制造业大国向强国转变，以及提高人民生活质量成为全社会的共识。

目前，工业机器人有很大一部分被应用于制造业的物流搬运中，极大地促进了物流自动化。随着生产的发展，搬运机器人各方面的性能都得到了很大的改善和提高。气动机械手被大量应用到物流搬运机器人领域。在手爪的机械结构方面，根据所应用场合的不同以及对工件夹持的特殊要求，采取了以多种形式的机械结构来完成对工件的夹紧和防止工件脱落的锁紧措施。在针对同样的目标任务，采取多种运动方式相结合的方式来达到预定的目的。驱动方面采用了一台工业机器人多种驱动方式的情况，有液压驱动、气压驱动、步进电机驱动、伺服电机驱动等等。越来越多的搬运机器人是采用混合驱动系统的，这样能够更好地发挥各驱动方式的优点，避免缺点，并且在它的控制精度方面和搬运效率方面有了很大的提高。在搬运机械手的控制方面，出现了多种控制方式。在物料搬运方面，近年来呈现出的趋势就是系统化。无论是在我国还是国外，物料搬运的发展都是由单一设备走向成套设备，由单机走向系统。在制造业方面，随着现代制造技术的发展，对物料搬运系统也提出了新的要求。其特点是力求减少库存、压缩等待和辅助时间，使多品种、少批量的物料准时到达要求的地点。这一趋势在机械工业方面得到了很大的应用，其中采用了机器人等先进的物料搬运技术，促进了机械工业的技术进步和生产水平提高。

当代工业机器人技术发展一方面表现在工业机器人应用领域的扩大和机器人种类的增多，另一方面表现在机器人机械系统性能的提高和控制系统的智能化。前者是指应用领域的横向拓宽，后者是在性能及水平上的纵向提高。机器人应用领域的拓宽和性能水平的提高二者相辅相成、相互促进。应用领域的扩大对机器人不断提出新的要求，推动机器人技术水平的提高；反过来，机器人性能与智能水平的提高，又使扩大机器人应用领域成为可能。

六、工业机器人技术的发展趋势

机器人技术的快速发展，不仅为我国的制造业产生了积极的推动作用，同时也可以被应用于其他领域当中，包括军事、医疗、娱乐以及科研领域，而随着人们生活质量的不断提升，其对于机器人技术的发展也提出了更高的要求，并期望工业机器人实现智能化、服务化以及绿色化的快速转变。智能

化主要是指机器人可以在程序设定的基础上，实现自我维护、自我学习和自我创造等，通过提高人机交互能力，使工业机器人更满足人们的基本需求。服务化则要求未来的工业机器人可以在离线状态下，结合现代化的互联网技术，实现在线化的主动服务。绿色化是指工业机器人技术所使用的材料、制造工艺以及包装的绿色化，同时也要求机器人在设计环节和处理回收环节的绿色化，以此来满足环境保护的基本要求。2017 年，全球的机器人市场始终保持快速的增长趋势，其中亚洲和澳大利亚地区的机器人安装量同比增长了 21%，而中国已成为世界最大的机器人市场。由此可见，工业机器人技术的不断完善和发展，使其在当前社会背景下拥有更多的发展机遇，具有良好的发展前景。

第五章 机械自动化技术的应用

第一节 工业自动化

工业自动化一般分为制造业自动化和流程工业自动化两类。制造业中产品的设计和制造过程是一系列的生产阶段的传递过程，每一阶段的生产都是以产品设计数据为依据的，系统的运行包括信息流和物流的运行，系统结构可划分为工程信息、管理信息和制造信息等子系统。流程工业是指炼油、化工、冶金、电力等流程工业，物质在"封闭"的环境下流动，生产过程严格按工艺要求连续进行，完成物流的转换、物流固定、工艺固定，追求目标"优质、高产、稳定、安全"。流程工业的生产和加工方法主要有化学反应、分离、混合等，这些都与离散制造工业有显著不同。

一、制造业自动化

制造业自动化的概念是一个动态发展过程。过去，人们对自动化的理解或者说自动化的功能目标是以机械的动作代替人力操作，自动地完成特定的作业。这实质上是自动化代替人的体力劳动的观点。后来随着电子和信息技术的发展，特别是随着计算机的出现和广泛应用，自动化的概念已扩展为用机器（包括计算机）不仅代替人的体力劳动而且代替或辅助脑力劳动，以自动地完成特定的作业。但在今天看来，这种概念仍不完善。把自动化的功能目标看成用机器代替人的体力劳动或脑力劳动是比较狭窄的理解。这种理解甚至在某种程度上阻碍了自动化技术的发展，例如，有人就认为中国人多，搞自动化没有很大的必要。实际上今天的制造业自动化已远远突破了上述传统概念，具有更加宽广和深刻的内涵。制造业自动化的广义内涵至少包括以下几点。

在形式方面，制造业自动化有三个方面的含义：

代替人的体力劳动；代替或辅助人的脑力劳动；制造系统中人、机及整个系统的协调、管理、控制和优化。

在功能方面，制造自动化代替人的体力劳动或脑力劳动仅仅是制造自动化功能目标体系的一部分。制造自动化的功能目标是多方面的，已形成一个有机体系。此体系可用功能目标模型（TQCSE 模型）描述。

在范围方面，制造自动化不仅涉及具体生产制造过程，而且涉及产品生命周期所有过程。制造自动化是自动化技术的热点研究问题和主要应用领域，以下介绍制造自动化的几个主要方面。

(一) 设计自动化

设计自动化是制造自动化中的一项重大发展。

计算机辅助设计（CAD）是工程技术人员以计算机为工具，用各自的专业知识，对产品或工程进行总体设计、绘图、分析和编写技术文档等设计活动的总称。一般认为，CAD 的功能可归纳为四大类：建立几何模型、工程分析、动态模拟、自动绘图。为完成这些功能，一个完整的 CAD 系统起码应由人机交互接口、科学计算、图形系统和工程数据库系统等组成。CAD 可被用于各个行业，现在比较成熟的通用设计软件有 Auto CAD 等。计算机辅助工艺过程设计（CAPP）是根据产品设计所给出的信息进行产品的加工方法和制造过程的设计。一般认为，CAPP 系统的功能包括毛坯设计、加工方法选择、工序设计、工艺路线制定和工时定额计算等。其中，工序设计又可包含装夹设备选择或设计、加工余量分配、切削用量选择以及机床、刀具和夹具的选择、必要的工序图生成等。计算机辅助制造（CAM）是指计算机在产品制造方面有关应用的总称。CAM 有广义和狭义之分，广义 CAM 一般是指计算机辅助进行的从毛坯到产品制造过程中的间接和直接的所有活动，包括工艺准备、生产作业计划、物料作业计划的运行控制、生产控制、质量控制等；狭义 CAM 通常仅指数控程序的编制（又称数控零件程序设计）。

简单说来，CAD 就是用计算机绘制图纸来代替人工绘图，CAPP 就是用计算机进行生产计划来代替人工生产计划，CAM 就是用计算机预定机器运行轨迹来代替人工操作机器运行。近些年来，随着一些新技术的发展，特别是控制技术、计算机技术、人工智能以及系统工程的发展，其内容不仅包括控制系统计算机辅助设计，还包括计算机辅助分析、辅助教学、科学研究和实际工程应用。概言之，计算机辅助工程 CAE 就是综合应用的集成。

（二）并行工程

大量新知识的产生，促使新知识应用的更迭周期越来越短，技术发展越来越快。如何利用这些技术提供的可能性，抓住用户心理，加速新产品的构思及概念的形成，并以最短的时间开发出高质量及价格能被用户接受的产品，已成为市场竞争的焦点，而这一焦点的核心是产品的上市时间。并行工程作为加速新产品开发过程的综合手段迅速获得了推广，并行工程已成为制造企业在竞争中赢得生存和发展的重要手段。

并行工程是集成地、并行地设计产品及相关过程，包括制造过程和支持过程的系统化方法。这种方法要求开发人员在设计一开始就考虑产品整个生命周期中从概念形成到产品报废处理的所有因素，包括质量、成本、进度计划和用户要求，而不是已经做到哪一步，再考虑下一步怎么走。

传统的产品开发模式为功能部门制，导致信息共享存在障碍；串行的流程，设计早期不能全面考虑产品生命周期中的各种因素；以基于图纸的手工设计为主，设计表达存在二义性，缺少先进的计算机平台，不足以支持协同化产品开发。全球化大市场的形成，要求企业必须改变经营策略：提高产品开发能力、增强市场开拓能力；但传统的产品开发模式已不能满足激烈的市场竞争要求，因而提出了并行工程的思想。并行工程是一种企业组织、管理和运行的先进设计、制造模式，是采用多学科团队和并行过程的集成化产品开发模式。它把传统的制造技术与计算机技术、系统工程技术和自动化技术相结合，在产品开发的早期全面考虑产品生命周期中的各种因素，力争使产品开发能够一次性获得成功。从而缩短产品开发周期、提高产品质量、降低产品成本、增强市场竞争能力。一些著名的企业通过实施并行工程取得了显著效益，如波音（Boeing）、洛克希德（Lockheed）、雷诺（Renauld）、通用电气（GE）等。

传统产品开发过程信息流向单一、固定，以信息集成为特征的 CIMS 可以支持、满足这种产品开发模式的需求。并行产品的设计过程是并发式的，

信息流向是多方向的。只有支持过程集成的 CIMS 才能满足并行产品开发的需求。

并行工程具有以下特点：

（1）强调团队工作（Team work）精神和工作方式；

（2）强调设计过程的并行性；

（3）强调设计过程的系统性；

（4）强调设计过程的快速"短"反馈。

利用并行工程对改造传统产业有重要作用，并对提高我国企业新产品开发能力、增强其竞争力具有深远的意义。

（三）敏捷制造

敏捷制造（AM）是美国亚柯卡 Iacocca 研究所主持的 21 世纪发展战略讨论会、历时半年形成的一份著名报告中，总结经济发展现状、展示未来而提出来的一种先进制造技术。应用这种先进制造技术的企业被称为敏捷制造企业。参加这次讨论会核心组的有美国 13 家大企业的行政首脑，参加讨论的有 100 多家企业及著名的咨询公司。目前，敏捷制造（AM）还没有公认的定义。美国敏捷制造概念的提出者将敏捷制造定义为能在不可预测的持续变化的竞争环境中使企业繁荣和成长，并具有面对由顾客需求的产品和服务驱动的市场做出迅速响应的能力。

前面我们已经提到，如何适应用户不断变化的要求，乃至开发他们定制的"个性化"产品，在某种意义上来说，已是 21 世纪企业产品未来发展的方向。毫无疑问，技术的发展及市场的竞争，危机与机遇并存。一方面，随着技术发展的加快，人们对新产品不断增加的追求，将给企业提供空前的机遇；另一方面，随着技术装备及工具软件的日新月异，开发周期越来越短，有同样加工能力的企业日益增多，竞争将更加激烈。竞争使得产品生产的批量越来越小，过去适宜大批量生产的刚性生产线，越来越不适应新的行业形势。企业将原有的刚性生产线改成柔性生产线，或能迅速将企业的组织及装备重组，以对市场变化做出敏捷的反应，源源不断地生产出用户所需求的"个性化"产品。一旦发现单独不能做出敏捷反应时，能够通过信息高速公路的工厂子网与其他企业进行合作，从组织跨专业的开发组到动态联合公

司，来对机遇做出快速响应。这就是敏捷制造的理念。

敏捷制造企业具备以下特点。

（1）具有能抓住瞬息即逝的机遇，快速开发高性能、高可靠性及顾客可接受价格的新产品的能力。在这里，抓住机遇和快速开发是具有决定性意义的，因为失去了第一个投放市场，往往就意味着整个开发工作的失败。

（2）具有发展通过编程可重组的、模块化的加工单元的能力，以实现快速生产新产品及各种各样的变形产品，从而使生产小批量、高性能产品能达到大批量生产同样的效益，以期达到同一类产品的价格和生产批量无关的目的。为此，要把目前的大规模生产线，改造成具有高度柔性、可重组的生产装备及相应的软件。

（3）具有按订单生产，以合适的价格满足顾客定制产品或顾客个性产品要求的能力。

（4）具有企业间动态合作的能力。这是因为产品越来越复杂，以致任何一个企业都不可能快速地和经济地设计、开发和制造一个产品的全部。只有依靠企业间的合作才能快速投放市场。

（5）具有持续创新的能力。创新是企业的灵魂，是一个企业具有竞争能力的体现。但创新是不可预见的，因此要创造一种企业文化，最大限度地调动员工的积极性，来控制创新的不可预见性，这将是敏捷制造企业的一个重要标志。

（6）把具有创新能力和经验的员工看成企业的主要财富，而且把对员工的培养和再教育作为企业的长期投资行为。

（7）和用户建立一种完全崭新的战略依存关系。企业不仅要保持售后产品的档案，提供周到的售后服务，保持在整个生命周期内用户对产品的信任，而且要为用户提供适当费用的升级、升档服务，以及以旧换新等。用这样的一种和用户相互依存的关系，来确保已有的市场，并在此基础上进一步扩大市场，这就是企业的销售战略。

敏捷制造提出的时间还很短，尚未形成一个公认的系统框架。但它将成为21世纪制造企业的新模式。敏捷制造企业较柔性制造、并行工程阶段的制造企业又有了进一步的提升，更强调企业结盟，即我们所说的系统集成。对企业内CIMS要有效地支持敏捷制造，必须发展一种高鲁棒性的集成

技术，可以在不中断系统的情况下，修改软件系统；除企业外，发展建立在网络基础上的集成技术，包括异地组建动态联合公司、异地设计、异地制造等有关的集成技术，在信息高速公路中建立工厂子网，乃至全球企业网，作为系统集成的主要工具。

（四）仿生制造

模仿生物的组织结构和运行模式的制造系统与制造过程称为仿生制造（Bionic Manufacturing）。它通过模拟生物器官的自组织、自愈、自增长与自进化等功能，以迅速响应市场需求并保护自然环境。

制造过程与生命过程有很强的相似性。生物体能够通过诸如自我识别、自我发展、自我恢复和进化等功能使自己适应环境的变化来维持自己的生命并得以发展和完善。生物体的上述功能是通过传递两种生物信息来实现的。一种为 DNA 类型信息，即基因信息，它是通过代与代的继承和进化而先天得到的；另一种是 BN 类型信息，是个体在后天通过学习获得的信息。这两种生物信息协调统一使生物体能够适应复杂的和动态的生存环境。生物的细胞分裂、个体的发育和种群的繁殖，涉及遗传信息的复制、转录和解释等一系列复杂的过程，这个过程的实质在于按照生物的信息模型准确无误地复制出生物个体来。这与人类的制造过程中按数控程序加工零件或按产品模型制造产品非常相似。制造过程中的几乎每一个要素或概念都可以在生命现象中找到它的对应物。

就制造系统而言，现在已越来越趋向于大规模、复杂化、动态及高度非线性化。因此，在生命科学的基础研究成果中选取富含对工程技术有启发作用的内容，将这些研究成果同制造科学结合起来，建立新的制造模式和研究新的仿生加工方法，将为制造科学提供新的研究课题并丰富制造科学的内涵。此外，进行与仿生机械相关的生物力学原理研究，将昆虫运动仿生研究与微系统的研究相结合，并开发出新型智能仿生机械和结构，将在军事、生物医学工程和人工康复等方面有广阔的应用前景。

目前这方面的研究内容有：

（1）自生长成型工艺：在制造过程中，模仿生物外形结构的生长过程，使零件结构最外层各处形状随其应力值与理想状态的差距做自适应伸缩，直

至满意为止；将组织工程材料与快速成型制造相结合，制造生长单元的框架，在生长单元内部注入生长因子，使各生长单元并行生长，以解决与人体的相容性和与个体的适配性及快速生成的需求，实现人体器官的人工制造。

（2）仿生设计和仿生制造系统：对先进制造系统采用生物比喻的方法进行研究，以解决先进制造系统中的一些关键技术问题。

（3）智能仿生机械。

（4）生物成型制造，如采用生物的方法制造微小复杂零件，开辟制造新工艺。仿生制造为人类制造开辟了一个新的广阔领域。仿生制造中不仅是师法自然，而且是开始学习与借鉴他们自身内秉的组织方式与运行模式。如果说制造过程的机械化、自动化延伸了人类的体力，智能化延伸了人类的智力，那么，仿生制造则是延伸人类自身的组织结构和进化过程。

（五）智能制造

智能制造技术（IMT）源于人工智能的研究，它是 20 世纪 90 年代出现的制造技术新概念，强调"智能机器"和"自治控制"，是与专家系统、模糊推理、神经网络等人工智能技术在制造中的综和。

近 20 年来，随着产品性能的完善化及其结构的复杂化、精细化，以及功能的多样化，促使产品所包含的设计信息和工艺信息量猛增，随之生产线和生产设备内部的信息流量增加，制造过程和管理工作的信息量也必然剧增，因而促使制造技术发展的热点与前沿，转向了提高制造系统对于爆炸性增长的制造信息处理的能力、效率及规模上。目前，先进的制造设备离开了信息的输入就无法运转，如柔性制造系统一旦被切断信息来源就会立刻停止工作。可以这样认为，制造系统正在由原先的能量驱动型转变为信息驱动型，这就要求制造系统不但要具备柔性，而且要表现出智能，否则是难以处理如此大量而复杂的信息工作量的。此外，瞬息万变的市场需求和激烈竞争的复杂环境，也要求制造系统表现出更高的灵活性、敏捷性和智能性。因此，智能制造越来越受到重视。

智能制造系统（IMS）是智能制造技术在机械制造生产中的具体应用。它是一种由智能机器和人类专家共同组成的人机一体化系统，突出了在制造诸环节中，借助计算机模拟人类专家的智能活动，进行分析、判断、推理、

构思和决策，取代或延伸制造环境中人的部分脑力劳动，同时，收集、存储、完善、共享、继承和发展人类专家的制造智能。由于这种制造模式突出了知识在制造活动中的价值地位，而知识经济又是继工业经济后的主体经济形式，所以智能制造就成为影响未来经济发展过程的制造业的重要生产模式。虽然目前智能制造尚处于概念和实验阶段，但各国政府均将此列入国家发展计划，大力推动实施。这也是制造技术发展，特别是制造信息技术发展的必然，是自动化和集成技术向纵深发展的结果。

（六）网络化制造

信息革命促使制造业向全球方向发展，使现代企业呈现集团化、多元化的发展趋势。这些企业需要及时了解各地分公司的生产经营状况，同一企业不同部门、不同地区的员工之间也需要及时共享大量企业信息。企业和用户之间以及企业与其合作伙伴之间也存在着大量的信息交流。这就需要通过计算机网络的协调和操作，把分布在世界各地的制造工厂和销售点连成一个整体，以加快产品开发，提高产品质量和企业对市场的响应能力。正是基于这些新情况，我国的科技工作者已经创造性地提出了一种适合我国国情的新生产模式——网络化制造。

企业信息涉及有关产品设计、计划、生产资源、组织等类型的数据，不仅数据量大、数据类型和结构复杂，而且数据间存在复杂的语义联系，数据载体也是多介质的。网络制造研究内容包括制造业内部的信息交流和共享，以及制造业的网络应用服务。在信息技术的条件下，将分布于世界各地的产品、设备、人员、资金、市场等企业资源有效地集成起来，采用各种类型的合作形式，建立以网络技术为基础的、高素质员工系统为核心的敏捷制造企业运作模式，其关键技术有：

（1）分布式网络通信技术。Internet、Intranet、Web 等网络技术的发展使异地的网络信息传输、数据访问成为可能。特别是 Web 技术的出现，可以提供一种支持成本低、用户界面友好的网络访问介质，解决制造过程中用户访问困难的问题。

（2）网络数据存取、交换技术。网络按集成分布框架体系存储数据信息，根据数据的地域分布，分别存储各地的数据备份信息。有关产品开发、设

计、制造的集成信息存储在公共数据中心中，由数据中心协调统一管理，通过数据中心对各职能小组的授权实现对数据的存取。

（3）产品数据管理技术。制造环境中包含许多超越事务管理的复杂数据模型，需要进行特定的数据管理，包含设计、加工、装配、质量控制、销售等各方面的数据。

（4）协同工作技术。在一定的时间（如产品生命周期中一个阶段）、一定的空间（如产品设计师和制造工程师并行解决问题这一集合形成的空间）内，利用计算机网络，小组成员共享知识与信息，避免潜在的不相容性引起的矛盾。

（5）工作流管理。其主要特征是实现人与计算机交互时间结合过程中的自动化。制造系统通过因特网联系起来，在空间和功能上是分散的。可构建敏捷制造网络集成平台，利用企业内部局域网，负责企业的一切生产活动；利用互联网实现基于网络的信息资源共享和设计制造过程的集成，将有关企业和高校、研究所和研究中心等结合成一体，成立面向广大中小型企业的先进制造技术数据中心、虚拟服务中心和培训中心，开展网上商务。建立网络化制造工程的框架结构包括基于 Intranet 的制造环境内部网络化和基于 Internet 制造业与外界联系的网络化。

基于网络的制造系统将实现远程数据处理，远程资源调用和对远程设备的操作、控制、加工过程检测，网上信息交流、共享与服务等问题。未来的研究将面向全球制造业的开放式系统及集成平台，开发协作式开放制造集成网络基础结构，研究基于信息高速公路的数据库技术、设备重组和资源重用，以及能自动进行产品建模的逆工程集成等技术，用面向对象的方法研究基于万维网的产品建模、生产管理和并行控制的方法和技术。

制造全球化的概念出于美日欧等发达国家的智能系统计划。近年来，随着 Internet 技术的发展，制造全球化的研究和应用发展迅速。制造全球化包括的内容非常广泛，主要有：市场的国际化，产品销售的全球网络；产品设计和开发的国际合作；产品制造的跨国化；制造企业在世界范围内的重组与集成，如动态联盟公司；制造资源的跨地区、跨国家的协调、共享和优化利用。全球制造的体系结构将要形成。

制造业自动化新技术的蓬勃兴起，标志着传统制造业正在经历着深刻

的变革。敏捷化是 21 世纪制造环境和制造过程的趋势；基于网络的制造，特别是基于 Internet/Intranet 的制造已成为重要的发展趋势；虚拟制造的研究正越来越受到重视，是实现敏捷制造的重要关键技术，对未来制造业的发展至关重要；智能制造技术的宗旨在于通过人与智能机器的合作共事，去扩大、延伸和部分地取代人类专家在制造过程中的脑力劳动，以实现制造过程的优化。有人预测 21 世纪的制造工业将由两个"I"来标识，即 Integration（集成）和 Intelligence（智能）。近年来，一个新的绿色制造的概念已经提出：最有效地利用资源和最低限度地产生废弃物，是当前世界上环境问题的治本之道。制造业量大面广，对环境的总体影响很大。可以说，制造业既是创造人类财富的支柱产业，又是当前环境污染的主要源头。有鉴于此，如何使制造业尽可能少地产生环境污染是当前环境问题研究的一个重要方面，绿色制造是现代制造业的可持续发展模式。

二、流程工业自动化

流程工业是指生产过程为连续生产（或较长一段时间为连续生产）的工业。其包括了在我国国民经济中占有重要经济地位的石化、炼油、化工、冶金、电力、制药、建材、轻工、造纸、采矿、环保等工业行业。流程工业是一个巨大的产业，其发展状况直接影响国家经济基础，是国家的主要基础支柱产业。

流程工业生产过程的自动化有重要意义，但也相当困难。随着流程工业生产过程日趋大型化、连续化、高速度和高质量，要实现对生产过程中工艺的操作控制、异常工况的监视及安全保护，必须依靠自动化系统。

（一）流程工业先进控制

自动化技术在流程工业中的应用由来已久，并在许多场合取得了很好的效果。但又由于流程工业一般规模庞大、结构复杂，且具有不确定性、非线性、强耦合性等特性，往往以产品质量和工艺要求为指标的控制，常规控制难以胜任。实现安全、平稳、高效生产的需要，作为提高企业经济效益和增强竞争力的重要对策，先进控制与在线优化在流程工业综合优化控制中起着承上启下的重要作用。国外从 20 世纪 70 年代末就开始了先进控制技术的商品化软件的开发及应用，在 DCS 的基础上实现了优化控制和先进过程控制。在控制算法上，将控制理论研究的新成果，如多变量约束控制、各种预测控制、推断控制和估计、人工神经元网络控制和软测量技术等应用于工业生产过程，且取得了明显的经济效益和社会效益。

目前，我国流程工业先进控制的应用和发展现状：

（1）基于模型控制的理论体系已基本形成，出现了多约束模型预测控制的工程化软件包。

（2）专家控制系统：过程故障诊断，监督控制，检测仪表和控制回路有效性。

（3）神经网络：非线性过程的建模，软测量，控制系统的设计。

（4）模糊系统：模糊控制理论基础，表达不确定性知识。

（5）非线性控制：开发中，应用不多。

（6）先进控制还包括内模控制、自适应控制、增益调整、解耦控制、时滞补偿等。

（7）鲁棒控制是研究热点，但理论性太强，实际应用需做大量的改进和简化，使先进控制具备鲁棒性是重要的发展方向。

（二）流程工业 CIMS

流程工业自动化技术的发展趋势是实现计算机集成制造系统（Computer Integrated Manufacturing System，CIMS）。流程工业 CIMS 的设计不仅要考虑现有的组织机构和人员配置的特点，而且要考虑各种状态和行为因素的影响，从流程工业企业实际需求出发，抓住生产"瓶颈"，以经济效益为驱动，使其能够符合现代生产、管理、控制和技术等方面的需要，并不断推进流程工业 CIMS 工程的深入发展。

与国外 CIMS 的发展相比较，我国 CIMS 不仅重视信息集成，而且强调企业运行的优化，并将计算机集成制造发展为以信息集成和系统优化为特征的现代集成制造系统（Contemporary Integrated Manufacturing System）。

目前，流程工业综合自动化技术已在底层的过程控制系统的基础上，发展到生产、管理和经营的整体化，实现了过程控制系统、管理信息系统、办公自动化系统的有机结合，并向企业综合自动化方向发展。

1. 流程 CIMS 的关键技术

先进控制与优化是流程 CIMS 的基础，也是产生直接效益的最有效手段，不但生产装置的安全、稳定、长周期、满负荷和优质运行需要通过它来保证，而且经营决策指令也需要由它来实现。因而，先进控制与优化是系统结构中的关键一环。

1980 年以来，流程型企业除了应用以 PID 控制为主体的常规控制外，已开始运用各种先进过程控制 APO 策略，主要包括以经典控制论为基础的前馈／滞后控制、解耦控制等，取得了明显的经济效益，APC 技术已成为过程控制的基础技术。在 APC 层之上，基于动态过程模型的流程模拟和在线优化技术，如多变量预估控制、模糊控制以及基于专家系统和神经网络理论的控制系统，已成为 20 世纪 90 年代重要的过程控制技术。采用 APC 技术，可减小操作的标准偏差，而在线优化可使操作趋向优化设定点，提高装置效益。先进控制与优化技术主要包括过程建模技术、软测量技术、控制技术、过程优化技术、生产管理与调度技术。

2. 流程 CIMS 的框架结构

CIMS 框架结构是对 CIMS 构成方式的描述，通常需要几个视图才能描述清楚。

（1）功能视图。功能视图描述流程 CIMS 的功能组成。通常流程 CIMS 由管理信息子系统、生产自动化子系统、质量保证子系统、产品开发子系统、计算机网络子系统和数据库管理子系统构成。

管理信息子系统的核心技术为企业资源计划 ERP，主要实现决策层、管理层和调度层的管理任务，是流程 CIMS 的神经中枢，指挥和控制其他各子系统有条不紊地运转。

生产自动化子系统主要用于对调度层、先进控制（优化控制）、过程控制层的管理和控制，主要负责生产任务按计划完成。

产品开发子系统主要用于负责对产品进行改进，以及开发新产品的任务。在 CIMS 系统中，可以通过对生产过程和实验过程中的参数进行分析，达到提高产品实验过程中的参数进行分析，达到提高产品质量和开发新产品的目的。

质量保证子系统主要是采集、储存、评价与处理存在与产品开发、生产过程中与质量有关的大量数据，从而获得一系列的控制环，并用这些控制环有效促进质量的提高，进而实现生产高质量、低成本，提高企业的竞争力。

计算机网络子系统和数据库管理子系统是其他子系统的支持系统。

从功能视图上，离散 CIMS 和流程 CIMS 是几乎一样的，唯一的区别是产品开发子系统，离散 CIMS 的产品开发子系统通常是 CAD/CAPP 的设计系统，而流程 CIMS 的产品开发子系统通常是由实验室管理和数据处理组成。流程工业的产品多数是实验出来的，离散工业的产品是设计出来的。

（2）递阶控制视图。一个流程企业的 CIMS，从厂长的宏观决策到岗位工人的具体操作，其基本的组织方式是递阶结构，一般可分为六层，即生产过程层、过程控制层、先进控制层、生产调度层、管理层和决策层。

生产过程层是生产的主体，原料从此处投入，产品从此处产出，它的起停、状态控制是由 DCS，FCS，PLC 控制的，负责对生产作业计划的执行。

过程控制（常规）层在目前流程行业主要靠 DCS 来实现，因此底层的控制明显简单化了，它主要完成一些 PID 控制，还有一些略复杂的控制，它直接作用于生产过程。传统的 PID 控制仍是控制的基础，是见效果的部分。过去使用分块控制、局部和分散控制，弊病很多，既不稳定，又不便统筹监控。

先进过程控制层主要通过辨识、解耦、模式识别等先进控制、优化控制，对各工序进行高一级的控制，它运行在上位计算机上，作用于 DCS。它主要解决那些现场难以用一般控制来解决的难题，使用的主要是现代控制理论。这一部分控制的实施需要有一定的平台来支持，先进控制的工作难度大，它对生产模型的研究要求高，要求编制的先进控制软件比较完善，而常规 PID 控制等对模型的要求低。

生产调度层包括日常调度和智能调度。日常调度属于 MIS 的范畴，智能调度属于控制系统，因此生产调度处于 MIS 和控制之间。生产调度在流程行业是至关重要的，它时刻都在致力于保持、监控流程的均衡、稳定。智能调度是从控制的角度监视全厂的物料流向、物料平衡、能量平衡状况及设备运行工况，一旦不平衡，要立即协调有关方面处理。日常调度比智能调度要宏观一些，它掌握生产现场一班、一天的情况，处理一天中较重要的问题并予以协调，上传下达，制订旬计划。

工厂管理层主要从生产计划、质量检测、设备维护、原材料供应、资金周转、成本计算、产品销售等方面对生产进行管理，确保生产的正常进行，主要采用 ERP 来实现。该层直接影响到管理效益的好坏。

决策层主要根据市场需求和企业的具体情况，制定企业的长远发展规划、技术改造规划、年度综合计划等战略决策。这个层次决定着企业的生死存亡。

（3）产品视图。流程 CIMS 的实施最终体现在对产品的集成和二次开发上，管理信息系统通常采用商业化的 ERP 产品，生产自动化子系统通常采用 DCS，数据库管理系统通常采用大型的关系型数据库管理系统，先进控制也有现场的产品，但是价格昂贵，在国内一般都自行研制。产品开发子系统通常需要进行二次开发。所有的产品通过数据库进行接口。

先进控制软件由于是实时控制软件，需要从 DCS 的数据库中直接取数并返回控制信息，所以直接与 DCS 中的实时数据库集成。先进控制软件与生产调度软件可以根据具体的行业和生产特点进行选取。

目前，在流程 CIMS 方面，尚无产品之间的集成标准，这给系统集成带来了很大的困难和工作量。建立流程 CIMS 的产品集成标准，有赖于各产品供给厂商的合作。

（4）计算机系统视图。流程 CIMS 通常采用客户/服务器结构三层体系结构。在计算机系统方面，流程 CIMS 和离散 CIMS 没有区别。现代的计算机技术倾向于采用 C/S 结构，或多层体系结构。网络平台主要采用 Windows NT 或 Unix 主服务器一般采用高可用性的集群或双机热备份系统。通信协议一般采用 TCP/IP 或 NetBEUI 等。客户采用 Windows 95 以及应用程序。

（5）ERP 视图。CIMS 中的管理信息系统通常采用 MRPII、ERP 等商业软件，流程 CIMS 和离散 CIMS 相同之处是总账、工资、固定资产、采购、销售、人力资源、应收账、应付账等，不同之处主要在生产计划与控制方面。

①流程 CIMS 采用过程结构和配方进行物料需求计划，离散 CIMS 采用物料清单进行物料需求计划。②流程 CIMS 同时考虑生产能力和物料，离散 CIMS 先进行物料需求计划，后进行能力需求计划。③流程 CIMS 的生产计划可以从生产过程的任何一点开始，离散 CIMS 只能从起点开始计划。④流

程 CIMS 需要进行协产品、副产品、废品、回流物管理，离散 CIMS 没有协产品、副产品、回流物。⑤流程 CIMS 没有工作单的概念，离散 CIMS 依靠工作单进行信息传递。⑥流程 CIMS 的生产面向库存，离散 CIMS 的生产面向订单。⑦流程 CIMS 的作业计划中没有可供调节的时间，离散 CIMS 的作业计划只限定在某一范围内。

（三）流程工业自动化发展展望

流程工业自动化将呈现以下几个趋势，即功能综合化、专业化、分散化、集成化。

1. 功能综合化

流程工业自动化的一个非常明显的趋势是功能综合化，即自动化系统从企业整体出发逐层完成综合信息管理、车间控制、装置协调联合控制、辅助装置与设备的控制、能源监测与计量控制等，实现综合管理－控制一体化系统。

2. 专业化

专业化包括两方面的内容：一是用户需求导致应用系统的专业化，二是制造厂家的专业化。

（1）应用系统的专业化。流程行业很多分支差异很大，如石化、冶金、建材、电力等流程均各具特色，而自动化综合程度和应用深度的提高，必然要求自动化系统的专业化。将来的自动化在硬件上越来越开放通用化，而在软件上一定有专业特色，才能更好地被用户接受。

（2）制造厂家专业化。随着微电子技术和信息技术的高速发展，自动化系统中对新技术采纳的速度会越来越快。除少数大的集团公司之外，大部分的厂家会因为有能力开发和制造一些独特的模块、部件、智能仪表或软件而取得很好的发展。

3. 分散化

尽管现场总线仪表组成的系统还没有真正地替代传统的 DCS，但是，现场总线的概念与技术却影响了整个自动化系统的结构和发展。短期内，世界上绝大多数的 DCS 厂家或工业自动化系统厂家将全部改变其以往系统的大板卡机笼结构，取而代之的是自己设计制造的或集成别人的 OEMI/O 模

块产品。采用双冗余的以太网络嵌入式结构将工业 PC 机连接在一起实现操作、显示和管理，而用现场总线（甚至以太网）将分布在现场的 I/O 智能处理模块（包括微型 PLC 和智能仪表）连在一起，实现大型综合自动化系统已变成一种时尚和必然趋势。有人说未来的自动化系统不采用分散 I/O 将意味着死亡。

4. 集成化

开放化系统的发展和专业化厂商的增加，为自动化系统集成商提供了大量的可选设备。目前，人们开发一套自动化系统已经不像原来那样，什么东西都得从头开发而是可以根据自己的技术基础和应用开发经验，选择设计整体系统，但主要的关键部件采用系统集成方式，采用现成的 OEM 产品。这种工作方式的优点是开发周期短、成功率高、投资少，而且水平跟上快，随着各种专业化 OEM 产品的普及，这种方式会成为主流。甚至可以选择一套成熟的控制系统，将自己的工作集中在设计应用需求和合理选择，实现联调和现场调试。随着智能化仪表与分散模块的普及，各模块与仪表的连接将会变得复杂，因此，这种专业化的系统集成商将大有市场。

第二节　军事自动化

一、精确制导武器

顾名思义，精确制导武器就是一种能"指哪打哪"的命中率极高的武器。在军事史上，第一次大规模使用精确制导武器的是 1982 年的英国和阿根廷的马岛之战。然而在海湾战争和美国对南联盟、伊拉克的轰炸中更是大量使用了最新的精确制导武器。这种武器是以微电子、计算机和光电转换技术为核心，以自动化技术为基础发展起来的高新技术武器，它是按一定规律控制武器的飞行方向、姿态、高度和速度，引导战斗部队准确攻击目标的各类武器的统称。通常精确制导武器包括精确制导的导弹、航空炸弹、炮弹、鱼雷、地雷、无人驾驶飞机、能自动寻找目标的滑翔炸弹等武器。武器的精确制导系统通常由测量装置和计算机、敏感装置、执行机构等部分组成，主要是依靠控制指令信息修正武器的飞行姿态，保证武器的稳定飞行，直至命

中目标。由于精确制导武器优异的特性，因此受到各国军界的青睐。

制导技术是一门使飞行器按照特定路线飞行，控制和导引武器系统对目标进行攻击的综合性技术。制导方式不同导致误差也不一样，精确制导技术按照不同的导引方式可以分成自主式、寻的式、指令式、波束式、图像式和复合式等几种。

不同的制导武器使用有不同的制导物理量，这些不同的物理量在导航中就展现出不同的特点。比如说，红外线导航的作用，就是一种通过红外位标器输出的信号与导弹上的基准信号比较来产生偏差信号，根据偏差信号驱动红外线位标器来继续跟踪目标，同时这个偏差信号经过处理并通过执行装置来控制导弹飞向目标。红外线的制导多用于被动寻的制导系统，也可以用于指令制导系统。当用于指令制导时，红外位标器还要接收导弹辐射的红外线，跟踪导弹并提供导弹的运动参数。红外制导具有结构简单可靠、成本低、功耗少、隐蔽和重量轻等特点。但是，红外制导的目标必须与周围背景有比较大的热辐射反差，容易受到云、雾和太阳光等气象条件的限制。

除了利用红外线进行制导以外，还有无线电波制导、激光制导、雷达制导等方式。其中，激光制导是利用激光来进行跟踪和导引物体的制导方法。由于激光的优越的性质，使得激光制导有很强的抗干扰性，测量精度更好，但是激光制导也有不足之处，不能全天候使用，制导复杂度比较高。不同的制导方式各有优劣，在不同条件下能够发挥自己的用途。

精确制导武器作为精确测量技术和精确控制技术在军事上的应用，虽然单个制导武器的成本较普通的武器昂贵，但正是因为大大超过传统武器的命中率，使得作战成本反而在下降，而且可以减少对其他目标的不必要损坏，因此精确制导武器成为每个国家军事投资的重点，在现代战争中发挥着越来越大的作用。

二、未来战场上的微机电技术

有如孙悟空钻入铁扇公主的肚子里一样，微型机械小虫能够完成常人无法完成的任务。比如，它能够钻入对方的装置和设备中，导致对方的作战机器失灵，最终逼迫对方投降。这是微电机技术发展在战争中应用的结果。

微型机电系统 MEMS（Micro Electro Mechanical System）是指那些外形

轮廓尺寸在毫米量级以下，构成元件是微米量级的可控制、可运动的微型机电装置。它是自微电子技术问世以来，人们不断追求高新技术微型化的必然结果。在 20 世纪 70 年代初人们就开始 MEMS 的探索研究，直到 20 世纪 80 年代，这个领域才有了实质性的进展。它使用最新的纳米材料技术，使得电机的体积惊人地减小。这样的技术在军事上无疑将有很大的用处，这些应用主要包括有微型机器人电子失能系统、蚂蚁机器人、分布式战场微型传感器网络、有害化学战剂报警系统、微型敌我识别等方面。

微型机器人电子失能系统是一种特定的 MEMS。它具有 6 个部分包括传感器系统、信息处理与自主导系统、机动系统、破坏系统和驱动电源。这种 MEMS 具有一定的自主能力，并拥有初步的机动能力，当需要攻击敌方的电子系统时，无人驾驶飞机就投放这些 MEMS。其中的一种方案是利用"昆虫"作为平台，通过刺激"昆虫"的神经来控制昆虫完成接近目标的过程。通过这样的 MEMS 可以无声无息地破坏敌方的主要目标，有相当重要的战略意义。

蚂蚁机器人是一种可以通过声音来控制的 MEMS。它的驱动能量来自一个能把声音转换成为能量的微型话筒，人们利用它潜伏到敌方的关键设备中，当需要启动时，控制中心发出遥控信号，蚂蚁机器人就开始吞噬对方的关键设备。蚂蚁机器人可以做得非常小，能够在人的血管中进出自由，这样在民用方面，也可以完成非常复杂和精细的医学手术。

分布式战场微型传感器网络是通过大量散播廉价的、可随意使用的微型传感器系统来完成对敌方系统更加严密的调查和监视。MEMS 本身非常小，无法被肉眼观察到，就是仪器也很难精确地测定其位置，所以就很难受到攻击了，这样的系统组成一个庞大的网络，敌方的一举一动都能够非常清楚地了解到，这对战争的监视理论是一个新的发展。

特定的 MEMS 加上一个计算机芯片就能够构成一个袖珍质谱仪，可以在战场上检测化学制剂。一个这样的传感器系统只有一个纽扣这样大小，能够最大限度地减少价格昂贵的触媒剂或者生物媒介的用量，还可以配备合适的解毒剂来扩展功能。在化学武器日益发达的未来战场，检测化学制剂的 MEMS 必将起到关键的预测、监控和预报作用。

微型敌我识别装置能够在混乱的战场上，通过传感器和智能识别技术，

判断出敌我目标，避免错误。大量廉价的识别装置的共同使用能增加判断的可靠性。

综上所述，MEMS之所以能够完成大量的功能是因为它廉价、微小、智能化、可控性的特点。MEMS的技术现在还远远没有发展成熟，在未来的发展中，军事上的需求将是MEMS的一个主要的发展方向，也必然能在未来推动军事技术的不断发展，向军事微观化迈出关键的一步。

三、网络战争与病毒武器

与历史上所有的情形一样，人类社会的最新科学技术都应用在军事领域中，成为对战争胜负最敏感、最有影响的重要因素之一。计算机网络技术和信息技术也首先应用在军事领域，并且已经形成了一个非常重要的，甚至是有决定意义的战场。

为了对付威胁和挑战，军事部门从机构、经费到演示、做法方面采用了一系列措施和对策。首先，需要确定信息战的概念和理论。信息战被理解为不仅是更好地综合利用己方信息系统的手段，而且是有效地与潜在的敌人的信息系统对抗匹配的手段；一方面保证自己的系统不受到损坏，另一方面则设法利用、瘫痪和破坏敌方的信息系统。在这个过程中，取得和运用部队的信息优势。其次，在机构设置上也采用了相应的措施。各国军方都增加了类似于"计算机安全中心""安全测试中心"等专门对抗网络入侵的部门。军方也可能利用本国黑客的智慧来为国防服务，增强本国军方计算机系统的安全性。

那么，在信息战场上，还有什么更重要的武器吗？答案是计算机病毒。计算机病毒应用在信息战场上，成为最危险、最隐蔽、最有破坏力的武器之一。当某个国家受到战争威胁的时候，它可以不必出动大规模的海陆空武装部队，只需要在室内使用鼠标、键盘和显示器来实施一场精心策划的信息战争。他们先可以将计算机病毒送入敌人的电话交换网络枢纽中，造成电话系统的全面崩溃。然后用预先定时的"计算机逻辑炸弹"来摧毁敌人的铁路控制与部队调动电子信息指挥系统，造成运输失控。同时，再干扰敌人的无线电通信，使其完全丧失作战能力。再加上其他的一些诸如心理战、宣传战，就能够不费一枪一炮，及时制止一场即将爆发的战争。所以，在这个过程

中，应用计算机病毒可以成为开路先锋，破坏对方的信息系统。在现代对计算机网络依赖十分严重的今天，计算机病毒的成功破坏无疑为获取战争胜利赢得了先机。

综上所述，信息战争和计算机病毒是未来战争的重要形式，也是敌我双方必须抢占的一个制高点。现在世界各国无一不认识到：信息技术是军事革命的核心，信息战是军事革命中最为突出的表现形式。不过任何事物都是两面的，信息战争和计算机病毒不是万能的，它不能完全替代真正的作战部队；它们之间的关系是相辅相成而不是相互替代的，只有合理地使用相应的作战形式，才能更快、更好地取得战争的胜利。

四、军用遥感技术

从字面上说，遥感就是从远处感觉事物，是不直接接触地收集关于某一特定对象的某种或某些特定的信息，就能了解这个对象的性质。

很早以前，人们就希望从空中来观察地球，最初人们使用的是普通的照相机，后来发展成为专门的航空照相机。航空摄影的技术在世界大战期间获得了长足的发展，基于这种照片的识别技术也相应提高。随着飞行器技术的提高，尤其是火箭和卫星的出现，遥感技术获得了一个全新的平台。现在，遥感技术日新月异，成为国民经济建设中不可缺少的一种重要技术，其在军事方面的应用也很广泛。

遥感中收集到的信息，就是物体发射或者被它反射的电磁波。这些电磁波包括近紫外、红外线、可见光、微波等。收集电磁波信息的装置叫作传感器。装载传感器的地方，称为平台。遥感就是先用装在平台上的传感器来收集（测定）由对象辐射或（和）反射来的电磁波，再通过对这些数据进行分析和处理，获得对象信息的技术。遥感技术的迅速发展，一个重要的因素是人类越来越需要深刻地了解我们的家园——地球，为了我们的今天和未来了解它的资源，了解它的变化，预测它的未来。遥感中可以使用可见光和近红外区的电磁波进行遥感，它是利用了对象的反射特性。这种方式是航空摄影发展而来的结果，也是应用最为广泛的一种，在月球上观察地球就是这样的。

另外，还有两类技术也在遥感中大显身手。

一是使用热红外和热成像技术。热成像是与远距离测量地球表面特征的温度有关的遥感分支，主要是利用了物体的辐射特性。它所研究的问题小到可以探测一间屋子的热能量泄漏，大到可以研究地球表面的洋流。因为温度实质是地球环境中一切物理、化学和生物过程的重要控制因素之一，因此，温度数据在经营管理地球资源的活动中必然占有极其重要的地位。

二是利用微波遥感器进行遥感。微波遥感分为被动式和主动式。主动式的微波遥感器主要是侧视雷达。它是在20世纪50年代为达到军事侦察目的而发展的，目前的重要应用是快速取得大片有云地区的地面资源情报数据。被动式微波遥感器感受的是它们视场内的自然可利用的微波能量，其工作方式和热辐射计或热扫描仪非常相似，但是能够接收到的信号也比热红外区微弱得多，同时信号所伴随的噪声也大得多。因此，这种信号的判释问题要比其他各种遥感器困难得多，但和侧视雷达一样也有全天候的特性。依靠选择适合的工作波长，可以用它来穿透大气，或者观察大气。通常来说，微波遥感用在大气的各项数据的测量上，在海洋学、油污探测、融雪测定等方面都有应用。

遥感在军事上的应用是显而易见的，其用途大致有：一是对目标国家和地区的资源状况的监视。通过有效地监视资源及其变化，可以帮助确定战略的目标。二是监视对方军事部署和大规模的军事移动。许多军事部署的位置信息可以通过高精度的卫星遥感获得，大规模的军事移动也容易在遥感器上留下痕迹，这些都对于对应国家采取相应的措施提供了快速而有效的信息。三是在具体的作战当中，遥感可以帮助分析局部的地形、资源状况，从而帮助己方进行战术行动的方案判断。各种军用卫星的发射，也为全方位地监视目标提供了基础。现代战争作为数字化的战争，信息在战争中是至关重要的，遥感作为一项能够大范围、高精度、快速获得信息的技术，必然能够在未来的战争中获得更大的应用。

五、信息战争

今天，我们进入了信息时代，信息技术使得国家的组织方式和结构组成发生了重大的变化，改变了人类的生产和生活方式，国民经济也因为得到了信息技术的优化而拥有了前所未有的前景。同样，信息技术也给军队的战

斗力带来了极大的提高，促使现代战争空前复杂和激烈，引起了军事力量结构的重大变化。军事信息革命实现了"总体作战能力"的综合。当前，武器装备已经进入了以信息主导型为核心的高技术兵器的发展阶段。各种高新技术是促进这种发展的强大推动力，而发挥作用最大、渗透性最强、应用范围最广的是集传媒、计算机、网络、通信技术之大成的各种信息系统。一些武器装备一旦采用了现代信息技术成果，其作战效能立即提高几十倍甚至上百倍。上面提到的一个很直观的例子，就是精确制导武器，这种武器虽然造价很高，但是命中率大大超过传统的炸弹。在攻击一个目标的时候，精确制导的炸弹能够用很小的投弹量解决战斗，也避免了战机的延误，实际上是减少了战斗的成本。

现在的信息战争主要包括电磁战场，对制空权、制海权的争夺，陆地战场，电脑网络的破坏与反破坏，等等。例如，为了获得电磁战场的主动权，就要拥有强大的电磁武器和电磁干扰武器。这些武器主要是用来扰乱对方的信息传输、为己方的信息传输铺平道路。因为在现代战争中，没有通畅的信息传输会导致整个系统的瘫痪。军用通信卫星、无线传输网络、战场军用电话网络等这些设备如果不能正常地进行运转，整个军队就无法知道前进的方向，攻击性武器也不能知道确切的目标在哪里。这一切都说明了信息的获得和传输的重要性。可以看出信息技术使得战争的深度和广度发生了重大的变化。在战争的策划上，系统论、控制论、信息论和计算机技术的大量应用，使得运筹帷幄的过程也充满了信息。一句话，没有了信息，现代战争是无法取得胜利的。

海湾战争之后，全球范围内掀起了一场"信息高速公路"浪潮，它不仅给世界经济和人类生活带来很大的影响，同时也触发了一场关于"军事信息革命"的大辩论，引起世人极大关注。世界各国纷纷就技术对未来军队的发展与影响开展了广泛而深入的研究，有的国家还针对这种发展趋势率先制定了对策和发展计划，以期抢占军事技术的制高点，使本国在未来战争中占得先机。

六、军用卫星在战争中的应用

军用卫星种类繁多，按其功能，主要分信息传输和信息获取两大类。信息传输主要依靠军事通信卫星，信息获取主要依靠军用遥感卫星。

卫星是现代战争的"制高点"，军用遥感卫星常被人们称为间谍卫星，当前在美俄两个军事强国的军用卫星中，这类卫星占60%以上。它是利用光电遥感器、无线电接收机或雷达等侦察设备，从太空轨道上对目标实施侦察、监视或跟踪，以搜集地面、海洋或空中目标的军事情报的人造地球卫星。侦察设备搜集到的目标辐射、反射或发射出的电磁波信号，要么用胶卷、磁带等记录存储于返回舱内，在地面回收；要么用无线电传输方式实时或延时传到地面接收站。收到的信号经过处理后，即可得到有价值的军事情报。

军用遥感卫星的主要用途是侦察。与传统的侦察方式相比，卫星侦察的突出优点是侦察视点高、范围广、速度快，不受国界和地理条件的限制，能取得其他侦查手段难以获得的情报，对本国政治、军事、经济和外交都有重要意义。

成像遥感卫星是"天眼神耳"显神通。这种卫星在太空中用"眼睛"查看，它是靠卫星上的可见光和红外照相机获取地面信息。各谱段中，可见光成像的分辨率极高，可达0.lm，在卫星上能看清地面汽车的牌照、军官肩上的星牌。

电子军用遥感卫星。电子军用遥感卫星是太空中的"耳朵"，它是一种专门用于侦察雷达、通信和遥感等系统所辐射的电磁信号的卫星，它能够测定发出各种信号的地理位置。

海洋监视卫星。这种专门用于监视海洋中的舰船和水下潜艇活动的卫星，能有效探测和鉴别海上舰船，确定其位置、航向和速度，监听和截获舰船发出的电子辐射信号。美国现用海洋监视卫星主要是"白帆"和"快船"卫星，到目前为止，美国和俄罗斯共发射了上百颗海洋监视卫星。

弹道导弹预警卫星。该卫星主要用于监视敌方弹道导弹，对弹道导弹突袭进行预警，从而采取必要的防御和对抗措施。

七、C3I 自动化系统

所谓 C3I 是指挥（Command）、控制（Control）、通信（Communication）、情报（Intelligence）等词的英文缩写，这个系统也就是军队自动化指挥系统。该系统产生于 20 世纪 70 年代，是一个以计算机为核心的，集收集情报、传递信息、指挥决策与战术控制为一体的高效作战指挥系统。我们知道，现代高技术战争使战争称为陆、海、空立体战争，C3I 系统则是军队的神经中枢，与电子战装备、精密制导武器一起构成了克敌制胜的三大法宝。

C3I 系统主要由侦察探测系统、通信系统、指挥系统和战术控制系统四个部分组成。侦察探测系统借助于卫星等高技术手段，探测和跟踪监视敌方飞机、导弹和军队，为国家军事指挥机构提供所需要的准确情报；通信系统凭借数字化技术，建立一个上至国家最高军事指挥机构下至基层作战组织的通信网络，使战场上的联络、调动、指挥简单易行、快捷准确；指挥决策系统是一种自动处理信息系统，能够快速将搜集到的情报分类、比较、判定，并制出作战方案，为指挥机构提供高效率的参谋服务；战术控制系统以前三个系统为依托，能在极短的时间内使有关的力量进入战备状态，并将部队部署到一个特定的区域，使决策指挥与作战几乎同步。

对于一个国家来说，应用 C3I 系统，便会使各种兵种和武器系统之间的作战协同更加完善、周密，使部队的行动节奏和反应能力大幅度提高，使武器装备的打击能力更为强大，从而在整体上有效地提高国家军事力量水平。以美国全球战略的 C3I 系统为例，一旦有国家发射洲际导弹，它的预警卫星系统能在 60 ~ 90 秒内探测到，并在 3 ~ 5 分钟之内判断是否对自己构成威胁；如果判定存在威胁，其指挥决策系统将迅速制订作战方案并进行作战模拟，并可以在 1min 内使所有的武器装力量进入战备状态。

八、军事模拟和仿真技术

所谓军事模拟和仿真，就是在军事方面应用系统论的观点并且利用数学建模等多种建模方法进行建模，然后利用仿真的技术进行模拟战局、战略、战术的方法。在实践中，军事模拟对于军事作战的指挥有着很大的指导作用。

在联合作战能力方面，军事模拟能够发挥出很大的作用。在这方面，建模和仿真是最重要的，而且是最基本的，尤其是通过先期的技术演示验证和先期概念技术演示验证把技术迅速转化成为联合作战的能力。所以，凡是被选来进行实验验证的项目，几乎都采用建模和仿真的技术。比如，在信息优势方面，采用诸如两军作战方案的实时分析建模和仿真以及用于任务预览、演习、训练的分布式的容错建模与仿真等；在精确打击方面，则可以使用"联合精确打击演示"等仿真系统。

第三节　建筑机械自动化技术

一、建筑机械自动化技术的现状及存在的问题

（一）建筑机械自动化技术的现状

建筑机械自动化技术在 20 世纪就进行了具体化研究，最早出现该技术的研究是在 20 世纪 50 至 60 年代，直到 80 年代我国对于建筑机械自动化研究才取得较大的成就，很多设备在数量及质量上都有了较大的突破，这些设备被广泛应用于建筑行业及工程中。分析建筑机械自动化技术在实际工业中使用情况，可得到该技术的主要种类包含通用型和单一专用型两种，以下是对常用建筑机械自动化设备得到具体研究。第一，在建筑工业中，压路机会广泛应用于混凝土浇灌相关施工中，其自动化技术主要体现在数据处理、检测及中央系统等方面，使用自动化技术的部分可提升设备的振动质量及单频双振，从而使得设备的铺层得到提升。在压路机中配备的液压振动系统，可使得压路机相较于传统设备机动性能得到提升，制动性能和爬坡性能也会由于自动化机械的传动装置得到改善，保证压路机的操纵更加方便，确保相关建筑工程质量合格。第二，在建筑施工设备中还经常用到挖掘机和推土机等。20 世纪 70 年代推土机应用的机械自动化技术主要体现在反馈系统中，可将推土机的开关系统进行自动化调节，在之后科技发展的过程中，又对其推土的速度和精确程度进行了自动化提升，提升性能后的推土机被广泛应用于现代化建筑施工中。

（二）建筑机械自动化技术存在的问题

尽管我国对建筑领域的机械自动化技术已进行了长时间研究，也取得了较好的成绩，但在建筑机械自动化技术研究过程中仍存在不足，主要体现在以下几个方面。第一，建筑机械自动化技术的装置装备水平和专业性还有待提升。建筑机械自动化装置的基本水平和专业程度会对建筑的整体质量造成很大的影响，我国现有的部分机械自动化产品在实际应用于施工时存在专业性较低的情况，使用时会出现设备质量不稳定状况，使得建筑施工的安全隐患增多。第二，建筑机械自动化技术的创新和科研程度还有待改进。我国科技水平在时代的变迁中在逐渐改进，相较于国外的先进自动化机械技术，我国现有的建筑机械自动化技术水平还有待改进，主要表现在创新和科研上，受限制因素主要为研究资金不足，长期以该形式发展会使得自动化技术的发展速度降低。第三，我国现有的建筑机械自动化技术的原材料及技术水平还有待改进。对建筑机械自动化设备而言，原材料占很大的比例，但我国现有的建筑自动化机械设备所使用的原材料存在着质量问题，所使用钢材的质量和品种达不到基本要求，使得建筑施工在源头上就有很大的安全隐患，不利于整体发展。还有部分机械自动化生产精确程度也达不到基本要求，是建筑机械自动化技术待解决的主要问题之一。

二、建筑机械自动化技术发展趋势

（一）智能化水平的发展趋势

随着我国科技的发展，互联网智能化逐渐渗入各行各业，在建筑机械自动化技术的研究过程中也要趋于智能化发展。其中建筑机械自动化技术的智能发展主要体现在以下方面：第一为企业的智能化管理发展，针对建筑机械技术的智能化要实现智能化的精准定位，充分发挥智能化的主要作用；第二为建筑行业机械自动化技术的资源优化，将智能化技术应用于资源优化中，可有效降低建筑施工的成本，在确保建筑施工质量的基础上可更好地发挥智能化机械自动化技术的作用。

（二）扩大应用领域的发展趋势

鉴于机械自动化技术自身所具备的优势，其在实际建筑施工中占据很大的比例，随着我国社会经济市场的不断发展，建筑领域要得到更好的发展，就要将其工作的效率在原有的基础上提升，同时也要逐渐拓宽技术的应用领域和范围。如部分建筑存在难度较高、危险系数较大的情况，针对诸如海底隧道及跨度较大的桥梁等体量较大的工程，在实际施工时会包含很多烦琐复杂的管线工作，使用机械自动化技术可使得这些问题得到更好的解决。

（三）绿色环保的发展趋势

在建筑施工领域中，机械自动化技术本身具有稳定性较高的优势，但在实际施工中也会存在资源浪费的现象，部分施工会伴随较多的环境污染。鉴于建筑工程属于劳动密集型产业，施工中的违规操作会造成安全事故，会对资源和环境产生很大的影响，故在建筑机械自动化发展的趋势中，绿色环保是较为重要的目标，要在原有基础上完善机械设备的基本性能，降低安全事故发生的概率。

（四）对象识别的发展趋势

建筑机械自动化技术中最主要的一个部分就是作业对象的识别，在很多实际建筑施工中都有较好的体现，如在液压装置的挖掘机中作业对象识别就有较好的应用，该项内容主要借助于传感方式对作业对象的形状和材质等进行判断，之后进行分析和汇总工作。进一步强化对象识别可加强建筑施工的质量，降低返工现象的出现概率，达到人力及物力的节约，促进自动化技术的发展。

总结可得，建筑机械自动化技术的现状与发展具有较为重要的意义和作用，不仅可直观地观察到建筑领域机械自动化技术的发展现状，还便于针对发展中所存在问题制定合理的发展趋势。尽管我国对于建筑机械自动化的研究已开展了很长时间，但在实际发展中还存在可改进的部分，要促进建筑机械自动化技术的发展，就要依据现有的科学技术不断向智能化、绿色环保等方向推进。

第四节 电气自动化在城市轨道交通中的应用

在现代化城市轨道交通建设中，由于城市轨道建设的交通运行设备较多，在这种情况下，应该针对不同的交通运行设备进行不同的监控管理，保障在设备运行监控管理中，能够实现城市轨道运行的综合性发展。通过电气自动化技术的应用，能够将城市轨道运行中的各类管理要素进行充分协调管理，实现城市轨道运行的全程监控，并且通过自动化技术的应用，将整个城市轨道运行线路的基本信息，以及线路运行中存在的问题和故障进行了总结分析，通过对其线路运行故障的总结分析，能够实现城市的动态监控及跟踪管理。

一、电气自动化技术在城市轨道交通中的应用现状

（一）重要性

在现代化轨道交通管理运输中，人们借助自动化控制技术管理轨道交通运输，通过自动化管理技术的控制和实施，将城市轨道交通运输管理效率提升，保障了轨道交通运输通畅。由此看来，在城市轨道交通管理运输中，电气自动化技术的应用具有重要性应用意义，其实际应用意义主要体现在以下几个方面：①电气自动化技术的应用，能够实现城市轨道交通运输的全线监控，节省了轨道交通监控运行的人力、物力投入；②电气自动化技术在城市轨道交通运输中的技术应用，能够将轨道交通运输中的线路规划信息处理好，保障了轨道交通运行的安全性；③电气自动化技术在应用过程中，能够缓解交通拥堵，缩短人们在轨道交通运行中的出行时间。

（二）应用现状

城市轨道交通建设运行分为两种形式：一是地下轨道交通；二是地上轨道交通。就我国当前的城市轨道交通建设现状来看，我国的城市轨道交通建设已经趋于世界先进水平，我国很多大中城市已经开了城市轨道交通。比如，在深圳、广州、北京、上海等城市轨道交通建设已经基本完善，并且随

着现代化科学技术的发展，已经将电气自动化技术应用到轨道交通的建设控制中，通过轨道交通城市建设管理控制，实现了我国交通运输管理能力提升，保障了城市轨道交通建设的运输，实现了城市轨道交通运输的快速运作，但是在电气自动化技术和城市轨道交通运输建设管理的实施中，由于技术上还存在着很多的缺陷，因此，还需要进一步完善城市轨道交通运输和电气自动化管理技术的应用整合。

二、可行性分析

（一）集成行车指挥系统

在城市轨道交通建设和运输中，由于轨道的交通运输线路错综复杂，因此，需要通过信号系统的运行和维护保障集成行车指挥系统的运行，确保在行车指挥系统的集成运行中，能够发挥出信号指挥管理的作用。电气自动化技术运行在行车指挥系统的应用中，借助的是 ATP 信号设备发收装置进行的，通过信号数据的集成，将电气自动化技术传输应用进行数据的发送和接收。通过信号的传输和转化，能够实现行车调度指挥控制，但是由于在行车指挥调度过程中，数据传输有一定难度，所以还需要对其数据传输应用的自动化网络进行构建，确保在自动化网络传输中，能够实现数据转化发收管理，保障最终的数据应用效果。

（二）多系统集成的技术可行性

城市轨道交通运行中涉及的管理因素众多。在这种情况下，要想保障整体的信息数据传输功能得到建设发挥，就应该注重对数据传输中的多系统集成功能应用进行分析，确保在多功能系统集成应用分析中，能够将多系统集成技术应用处理好，将城市轨道交通运输建设管理的能力提升。在多系统集成技术的应用中，通过隔离软件的应用能够保障软件应用的耦合性得到提升。多功能系统集成应用中，由于电气自动化技术的实施，做到了系统的应用分级化，保障在系统的落实中，能够实现对系统的集成管理应用。由此可见，电气自动化技术在城市轨道交通的运行中，其技术实施保障的是轨道交通运行中的协调系统处理，实现的是系统应用的分类化存储。通过多系统集

成信息技术的应用实施，能够将轨道交通运行中的数据存储系统分布好，同时在多系统集成技术的应用中，还能够将轨道运行中的车次信息做出规划，保障车次信息的规划运行，能够发挥出协调管理作用。

三、自动化技术

(一) 自动监控技术

由于城市轨道交通运行中需要监测的车辆较多，在这种情况下，需要通过自动化监控技术将城市轨道交通运行中的车辆运行信息，以及轨道应用协调信息进行处理。通过电气自动化技术的应用，能够将城市轨道交通运行的状况监测起来，并且保障在监测过程中，能够实现城市轨道的运行能力疏散，保障了城市轨道交通运行的安全性。电气自动化技术和城市轨道交通应用中的结合是建立在自动化信息软件处理之上的，保障在自动化软件处理中，能够将城市轨道交通运行的车次信息进行编排，并且充分规划城市轨道交通系统的运输能力提升，实现了城市轨道交通系统运行的自动监控。

(二) 自动驾驶技术

城市轨道交通系统的建设，能够有效缓解紧张的轨道交通运行现状。在城市轨道交通运行中，自动驾驶技术的应用，已经成为未来城市轨道发展的趋势之一。通过电气自动化技术的应用，能够实现城市轨道运行的自动驾驶转变。也就是说，在城市轨道交通的运行中，可以借助电气自动化技术应用中的卫星信号感知装置，将卫星监测的城市轨道运行现状反馈给轨道运行监控系统。该系统的监控运行下能够实现对整个城市道路监控运行的全程管理，也能保障在自动驾驶技术的应用中，实现城市轨道交通运行的信号反馈调节，进而保障城市轨道交通的运行。

(三) 现代通信技术

在城市轨道运行中，通信技术的应用和实施对于整体的城市轨道建设能力而言是非常重要的，在现代化城市轨道建设过程中，为了保障整体的城市轨道建设效果能够发挥出来，需要借助电气自动化技术，将城市轨道建设

运行中的现代通信技术应用处理好，确保在城市轨道交通自动化信息技术的处理和实施中，能够实现城市轨道运行的实时监控，保障城市轨道运行的安全性能提升。例如，在城市轨道交通的建设应用中，为了保障轨道交通运行的安全性提升，需要借助电气自动化技术，将城市轨道运行中的通信功能处理好。建立城市轨道交通运行云计算数据处理中心，通过云计算技术的应用，将整个城市轨道运行的概况记录下来，并且在记录城市轨道交通运行中，能够及时上传数据，实现了信息传输数据的多元化共享功能转变。同时在城市轨道的电气自动化技术应用中，为了保障城市轨道交通运行能力得到提升，必须加强对城市轨道运行的通信技术处理实施，通过对通信技术的自动化建设，实现城市轨道运行的通信功能建设提升。

第五节　自动化在包装机械中的应用

一、包装机械自动化的研究背景

近几年，自动化在包装机械中的应用所占比重越来越大，很多行业对其的依赖性不断增加，需要对其不断进行改进与创新。在智能化、信息化时代，需将这个时代的需求融入整个自动化行业，从而为发展提供源源不断的动力。但是，就我国目前状况而言，由于需求甚多，自主研发能力和市场供应不足，很多大型机械都需从国外进口。本节将对自动化在包装机械中的应用和展望进行分析，以期促进整个行业的发展。

二、自动化在包装机械应用方面的问题

（一）创新意识薄弱

首先，我国在包装行业起步较晚。在国外已经取得较好的研究成果后，很多企业自主研发意识薄弱，使我国大型包装机械稳定性差，生产率低，整体性能差。我国的包装机械虽然发展迅速，但是工作人员本身素质过低，技术存在问题。很多人不能正确、熟练掌握大型包装机械的使用方法等一系列原因，大大降低了这个行业的可操作性和实践性，使我国这一行业的总体发

展相对滞后。

(二) 将包装机械智能化，提高企业信息化管理

由于我国在大型包装机械自动化技术能力方面的不足，需要努力加大科研力度，大力提高控制技术和驱动技术在实践中的应用，从而促使我们的机械智能化程度取得长足进步。随着市场的不断发展，企业整体信息化管理也要推陈出新。管理的创新要从观念进行革新，同时不断创新技术。目前，随着生产力的不断发展，技术更为成熟，很多大型包装机械效率高，也对组织机构等一些方面的能力提出了更高要求。但是，观念的不断创新也需根据具体单位的不同情况和具体要求寻找符合实际的管理模式，不能盲目，要适应市场的运行体系和发展规律。

(三) 自动化在包装机械中的应用

近几年，自动化在包装机械中的应用所占比重越来越大，很多行业对其的依赖性不断提高。目前，我国自动控制系统主要靠从美、德、日、意等国进口。虽然近年来我国包装机械发展迅速，但是仍存在许多问题，如产品单一、能耗高、设备通用性差等。要提供自动化的性能，需要先提高机械基本单元的性能，从而提高我国包装机械水平。此外，要加速研究包装机械工业技术适当的接口软件，构建满足不同用户需求的包装系统。下面以自动化在包装机械应用的控制技术和驱动性为例进行简单介绍。

1. 控制技术

简单来说，自动化在包装机械中的控制技术是 PLC 系统的实践运用。这个系统是将人工操作与智能操作相结合合成的最简洁的系统。在这个系统中，可以将下发的指令通过 PLC 系统准确反映到大型包装机械，其灵活性、精准性都极为可靠。控制系统与检测系统结合，可以精准挑拣产品包装中不合格的残次品，保证每个环节生产的产品质量检测都可以达到标准；而不达标的产品也可以进行重复挑拣，重新包装，顺利完成流水线作业，大大提高了生产力，减少了工作中的失误，确保包装机械行业的长足发展。自动化的发展对每个国家都至关重要。一个国家自动化程度越高，说明这个国家在基础建设上一定投入了大量的经济和财力。作为一个发展中国家，我们要大力发展机械自动化技术，自主创新，促使我国基础建设和综合国力的稳步提升。

2. 驱动系统

驱动系统是指在极其复杂的操作中，让每个设备都紧密配合，使其保证一定的频率和一致的操作模式。传统的包装器械主要使用一台主机和其他辅助设备，结合复杂的工艺技术，将整个包装流程整合形成一条完整的生产线。但是，传统的设备工艺流程操作复杂，很容易在生产中出现故障。随着科技化、智能化的不断发展，出现了更为简洁且高效的驱动系统。将它融合在操作系统中，将促使包装设备更简单地运行。

（四）自动化在包装机械中应用的先决条件

优质的原材料是保证机械质量的核心。没有质量，价值就是空谈。包装机械中所需的成品、半成品或者配件，都是整个机械的重要组成部分，要慎重对待。在机械制造中，要严格遵守国家制定的相关指标文件，使包装机械可以在后期安全运行。相关单位应严把"三关"，即采购关、检测关、使用关，杜绝使用规格、型号、质量不合要求的机械材料。在包装机械的自动化应用中，要想得到质量合格的流水线产品，要全面完善控制，从各个角度监控整体流程，设计合理科学的机械结构和流水线结构。从开始的筹备到最后产品的产出，要分工明确，规划好生产线的排列顺序和相对位置；做好相互关联的生产体系之间的衔接，协同调控整个自动化机械生产。在实践生产中，相关技术人员要及时调整出现的一些问题，找出原因进行分析整理，使整个自动化的包装机械生产体系完善合理。在机械投入使用前，要尽可能多地收集一些相关数据报告，把这些数据进行统计、分类处理，尽量找出生产过程中可能出现的问题，并采取相应的预防措施。

随着经济全球化的不断深入，一个好的包装企业需要投入大量的精力、物力、财力，还需要企业的管理人员具有一定的远瞻性，要有不断创新的精神。它是一个极其复杂的综合过程，它的实践性要比一般工业产品生产的实践难度更大。本节通过分析自动化在包装机械应用中的常见问题，简单论述了包装机械大力发展的方向及管理的策略，简单说明包装企业所面临的挑战，提出创新是发展的主体，要以创新质量来展望今后的发展进程，以实践

确保质量，从而提高包装机械的整体效率。

第六节　煤矿开采中机械自动化技术的应用

煤矿开采行业近年来发展迅速，开采的技术越来越先进，开采的质量、效率也处于逐步提升的状态，煤矿能源在开采阶段不必要的损耗越来越少，煤矿能源作为不可再生能源，开采率的提升能够为能源的保护添砖加瓦，有利于社会进一步实现可持续发展目标。

为了保证煤矿能源能够及时输送，在煤矿开采中应用机械自动化技术，这一技术的应用能够实质性地避免人工操作的失误，提高整体运行的效率，保证机械运行的规范性，同时能够保证开采的稳定性，能够实质性地降低开采的危险系数，同时有效降低煤矿开采过程中的成本支出，并且进一步推动煤矿开采实现规模化、自动化以及机械化，推动煤矿开采行业改革的实现。机械自动化技术不仅被应用在煤矿开采进行过程中，还被应用在煤矿开采前的勘探，以及开采后的煤矿运输过程中，实现了煤矿开采整个流程的相对自动化。

一、煤矿开采中机械自动化技术应用价值

煤矿开采中机械自动化技术应用能够进一步地推动煤矿开采业的发展，具体表现为能够提升开采的效率和稳定性，大大缩短开采时间，降低开采危险性；煤矿开采成本明显降低，事故发生的概率降低，需要承受的损失减少，同时人力方面的成本大大减少，从各方面来说都减少了成本的支出；各种煤矿开采事故有效控制，减少危险发生的可能性，以及降低事故的影响范围，能够提升开采工作人员的工作稳定性。煤矿开采中机械自动化技术的应用对于煤矿开采来说是必然趋势，也是社会的一种需求表现。

二、煤矿开采中机械自动化技术的应用

(一)机械自动化技术应用于煤矿开采前

机械自动化技术在煤矿开采中的应用包括煤矿开采前的勘测，具体表现为通过对勘测设备的各项数值进行设置，对开采环境进行各方面的自动化勘测，保证勘测的高效率以及勘测的全面性，同时将勘测的数据进行自动化传导、自动化处理，避免人工勘测数据获取的不全面、数据获取可靠性低的问题以及出现人为数据传导处理失误等问题，进一步提升勘测数据信息的价值以及作用。

在数据自动化处理完成后，再进行立体化的呈现，来具体地展现施工环境等各方面条件，由专业人员对这些图像处理后的数据信息进行综合分析，分析施工环境的整体结构、煤矿的基本结构、煤矿的基本组成情况，以及煤矿的地质地貌，再确定煤矿开采的注意事项，并加以罗列，作为参考，以及作为开采行为的依据，同时确定煤矿开采的难点，在开采中加以重视，确立煤矿开采的规划等，保证后续煤矿开采进行的稳定性以及减少煤矿开采的不确定性。

(二)机械自动化技术应用于煤矿开采过程中

机械自动化技术在煤矿开采过程中的应用基本表现为使煤矿开采应用到的各类设备实现自动化。在液压支架机械自动化技术中，液压支架是煤矿开采进行过程中极为重要的一个组成设备，将液压支架设备与对应的控制设备系统进行连通，再进行相应的测试，保证连通的稳定性以及能够完整地控制液压支架设备，再根据实际的开采需求，通过控制系统对液压支架设备进行调控，实现支架上升以及下降的自动化运行，保证液压支架设备的运行处于可控状态，能够通过控制设备及时测量液压支架设备的运行状态，能够及时发现问题，并及时处理，保证液压支架作业的高效、稳定性。

采煤机自动化技术表现为采煤机与计算机控制技术结合，来实现采煤机运行的自动化以及智能化，通过自动化控制技术、自动故障确定技术以及传感技术等，来实现采煤机无线遥控、过载保护、故障追踪等功能，煤矿开

采的自动化程度大幅提升，并且提升设备的运行效率以及设备的应用可靠性，能够降低人力需求，减少人力成本的支出。掘进机自动化技术表现为在掘进机设备中配备了合适的控制系统以及辅助体系，以实现开采现场的情况自动探测，保证环境的稳定性以及安全性，保证后续自动开采的正常开展，同时能够根据实际的环境，自动调整频率，保证不对开采环境造成过大的影响，避免开采过程中出现强烈的震动，减少干扰因素以及不稳定性，保证工作进展的高效、完善，同时能够保证煤矿开采率提升，煤矿杂质减少。

（三）机械自动化技术应用于煤炭输送中

煤矿开采中极为重要的组成部分就是煤炭的输送，这一环节对于人力的需求极大，因此，需要实现机械自动化，才能够有效地降低人力支出，保证输送效率。利用相关的自动化输送设备，来保证煤炭输送的顺利进行，输送的高效性以及节省输送的时间，提升输送的总量，以及保证输送过程中煤炭的损耗相对降低，同时输送的环境不对煤炭产生负面影响等。

通过监控系统、控制系统对煤炭运输进行全程的监控控制，能够保证出现问题及时调整，能够保证煤炭输送处于监控状态，能够避免煤炭输送过程中出现问题，有效保护煤炭。

三、煤矿开采机械自动化技术的发展探析

现阶段，煤矿开采中机械自动化技术还处于发展完善阶段，只能暂时满足社会的煤矿能源需求，而社会的需求变化处于高速增长阶段，机械自动化技术必须不断地顺应发展，抓住时代机遇，提升发展速度。煤矿开采机械自动化技术现阶段的不足之处是操作难度大，且易受到外界因素的干扰，如温度、湿度等，一旦受到干扰，就会出现数据偏差、控制灵敏度下降等，煤矿开采工作不稳定，开采质量、效率受影响。这是煤矿开采机械自动化技术发展完善的主要方向。

同时也要考虑到采煤的环境是不断变化的，煤矿开采机械自动化技术必须向自主完善的智能化方向发展。对开采整个流程进行机械自动化全面监控控制，来保证整个流程处于可控状态，能够及时地发现和处理问题。智能化煤机采掘技术也是未来的发展方向之一，这一采掘技术能够保证在采掘过

程中，通过相应的设备、程序等辅助来实现智能化采掘，但是采掘工作在初期掌握的技术较为有限，容易遇到问题，所以要对遇到问题的相关信息以及数据进行采集，融入相应的程序中，以降低错误发生概率，进一步改善开采方案。

智能化采掘设备的发展以及完善速度较快，能够不断地提升采掘技术、采掘质量，对于推动煤矿开采机械自动化的发展、优化有一定的价值和正面作用。煤矿开采机械自动化技术的发展前景还包括井下开采的自动化以及智能化，即进一步研究发展井下机器人，井下机器人能够勘测井下环境，将井下的环境通过影像的形式传递给控制人员，控制人员能够通过数据以及实际环境的结合分析，确定最为合理、科学的开采方案，通过下发指令，来使井下机器人进行操作，这一方式能够减少对井下环境的冲击以及影响，能够保证井下环境的相对稳定性以及井下开采工作的安全性，能够保证开采的效率以及质量，同时通过实时的影像传输，来跟踪井下开采工作的进程，及时发现问题所在，及时调整并控制。

井下机器人的发展完善，能够保证井下作业的环境限制减少，能够在各种较高危险性的工作环境中进行，能够保证工作的顺利开展，以及实质性地降低成本，提升作业的稳定性以及效率。煤矿开采机械自动化技术对于煤矿开采的推动作用是极为显著的，对于社会发展所产生的作用也是极为显著的，具有深入研究不断推动发展的意义和价值。

在煤矿开采过程中，机械自动化技术的应用能够保证煤矿产业再上一层楼，能够有效地提升收益、降低成本，同时还能够保证煤矿开采的质量和稳定性，还能够有效提升开采效率，对于能源节约而言也有深刻意义，并且进行能够实质性地推动相关产业的发展进步。对煤矿开采中机械自动化技术的发展研究，能够明确这一技术的发展趋势，能够保证机械自动化技术处于不断发展的状态，能够与社会的发展节奏相对统一。

第七节　机械自动化在汽车制造中的应用

机械自动化技术应用于汽车制造满足实际需求，同时提高了汽车系统

的智能化，使汽车中的相关系统具备部分智能活动，既提高了汽车性能和品质，又保障了行车安全。

一、机械自动化在汽车制造中的应用优势

(一) 提高汽车制造的效率，节约人力资本

相对于传统的汽车制造技术而言，在汽车的制造中利用机械自动化技术应用，不仅可以保障汽车的行驶安全，同时也是增加企业经济收益的保障，因此在当下的社会经济的发展中，将机械化自动化技术应用在汽车的制造中，可以减少人工，提高汽车制造的生产效率，进而增强汽车生产企业的效益。

(二) 实现自动化管理模式

由于汽车的种类非常多，所以涉及范围及零配件还有供应商也比较多，这无疑给汽车制造中的管理工作带去一定影响，但如果将机械自动化技术应用在汽车的制造中，可以大大地提高管理模式的细化。比如说，从管理的模式上，利用机械自动化技术可以在汽车制造中建立起目标的细化，标准及流程细分的模式，以实施起精细的计划和决策的考核做到模式的管理中，使得汽车制造的工作有序可循。而在生产管理的模式中，通过机械自动化的技术可以将整个汽车的生产能力及生产周期都进行良好的规划实施，把管理生产的调度和管理生产的绩效做到精细化管理，因此把机械自动化技术应用在汽车制造中，也可以实现自动化的管理模式。

(三) 利用智能化机械设备提升了汽车的维修水平

在以往的汽车维修和设备的调整中，多数情况下都是由人工进行处理的，但由于每个维修人员的能力不同，如果调整设备和维修处理得不当，将会给汽车制造带来很大麻烦，也会降低企业在市场的竞争能力。随着社会经济的不断发展，利用机械化自动技术可以实现由机械自动化替代人工的维修能力，实现机械自动化技术对设备的调整和维修，而且在对机械自动化设备进行检修的过程中，一旦发现故障，就会发出警报信号，这就是高智能技

术，它可以帮助维修人员能够准确地发现问题所在，使得工作效率得到有效提升。

二、机械自动化在汽车制造中的发展趋势

机械自动化在今后汽车制造中的应用中将发挥着重要的作用。

（一）自动化

自动化技术机械的发展可以为企业创造出更多的经济利润，比如机械自动化技术在汽车制造中的应用，它可以将传感系统、信息处理系统及动力系统等结构部件进行组合，帮助操作人员解决单一规定操作程序的问题。同时通过引进先进光学技术，优化能源系统和信息处理系统，使其操作更加方便灵活，降低操作失误率。

（二）智能化

汽车制造工艺及工序是比较烦琐的，在制造的过程中，它不仅要求质量的保障，同时也要求生产的速度，这样才能更好地提升企业的效益，因此对于自动化控制就会有更高的要求，如高控制的精度还有高安全性的要求等等。所以在机械自动化的前提下，智能制造就成为一种发展趋势。智能制造就是将于人工的智能技术应用到制造业当中，以解决更多的疑难复杂问题，提高制造业水平。

（三）信息化

信息化发展也是在不断进行深化的，因此机械自动化也应该朝全球信息化方向发展，这样才能有更广阔的信息和网络技术，实现汽车制造的全球设计要求。综上所述，将机械自动化技术应用在汽车的制造中，使得整个汽车制造业的生产能力提升，从而保障汽车的产品质量。我国的汽车制造业发展是非常迅速，所以将机械化自动技术应用到该行业中有很大优势，正是这种优势才不断促进我国汽车行业的发展，相信在未来，机械化自动技术将会影响整个企业在汽车制造行业中的竞争能力。

第八节　自动化控制系统在港口散货装卸设备中的应用

现代化信息技术和自动化控制科技的快速发展给港口的散货装卸工作提供了新的机遇，随着自动化控制系统被普遍应用于我国的港口货物卸载事业中，我国的码头运输事业进入一个快速发展的阶段，使港口有关产业的发展也迈上了一个新台阶。自动化控制系统是具有很强的综合性的技术，需要很多技术的支持与维护。因此，我们应该对其进行深入研究，使其更好地服务于我国港口散货装卸工作。

一、自动化控制系统应用在港口散货装卸设备中的必要性

自动化控制系统是一种综合性很强的现代化科学技术，目前应用于我国的很多行业，对相关行业的可持续发展起到了促进作用。众所周知，目前我国大力提倡发展自动化控制系统的设备，以提高工作效率，促进各行业的现代化发展。近年来，随着我国社会经济的不断发展，各行业在工作中逐渐实现了以现代自动化、智能化控制为主的新型工作流程和工作模式。在这种社会背景下，该系统使港口散货装卸工作得到了良好的发展契机，使我国港口装卸事业迈上了一个全新的台阶。自动化控制系统作为一种全新的智能化应用技术，其应用于港口散货装卸设备中，具有很多传统设备所不具备的特点和优势。其应用操作的简便性、智能化，信息处理的快速性和准确性都使其在散货装卸工作的应用中保持了较好的优势，提高了散货装卸的工作效率。同时，采用自动化控制系统进行港口散货的装卸工作，不仅能够提高工作的运行效率，而且大大缩减了相关人力、物力，节约了相关成本，实现了港口货物装卸工作的全新面貌。

众所周知，对于很多港口来说，散货装卸的效率是其必须考虑的问题，而港口散货装卸设备是提高散货装卸效率的重要因素。目前，港口散货装卸自动化控制设备在水路运输系统中的广泛应用给散货装卸工作带来了全新的工作流程和工作体系，而传统的散货装卸工作主要依靠于人力和普通的装卸设施，在面对很多货物的装卸时，如煤炭、矿石等，往往会造成船舶装卸时间长，船期延误等不良后果。另外，人工操作的散货装卸设备，其应用安

全与工作效率完全依靠工作人员的工作经验和熟练度，如果相关人员的专业操作不够熟练，那么就会造成货物卸载的延误，给相关的船只和企业带来一定的不良影响。为了改变这种现象，促进港口散货装卸工作的高效性，很多企业引进了自动化控制的装卸设备，这种设备以计算机网络技术、自动化控制技术和智能辅助技术为基础，具有很强的综合功能性，为港口散货装卸作业的高效、快速、便捷流通提供了支撑力，同时也形成了一体化综合性的工作模式和工作流程。目前我国的港口散货自动化控制装卸设备主要有全自动散货装船机、全自动散货抓斗卸船机、全自动斗轮堆取料机等。同时，我国研究人员也正在对相关设备进行进一步研究与开发，以实现更高水平的散货装卸设备的自动化控制，相信我国的港口事业很快会进入一个高水平发展的阶段。

二、自动化控制系统在港口散货装卸设备中的应用

（一）港口散货卸船系统

港口散货卸船系统基本采用全自动抓斗卸船机，这种设备是利用激光来识别船舶所在的位置、船舱的位置、舱口的高度以及舱底的深度等，实现多个目标的自动监测和识别。港口散货卸船系统的工作流程：第一，使用目标位置扫描系统（TPS）对船舱进行扫描，辨识舱口的边缘，先计算出舱口的位置和尺寸，然后将数据传回总指挥中心，将船舶数据与数据库中卸船任务进行比对，判断是否为要卸船的船只。第二，使用 TPS 对船舱内料堆进行扫描，获得堆形数据，将数据返回中央控制室分析后，确定具体的取料点。第三，中央控制室根据 TPS 传回的舱口数据和船舱内料堆形数据，控制大机移动和抓斗移动、起降等，利用抓斗卸船机实现自动化卸船工作。第四，为了降低船舱的损毁率，在自动抓斗卸船机工作到安全阈值时，停止自动卸船，改为人工卸船，对舱内进行彻底清舱作业。目前，从港口散货卸船的安全性考虑，我国很多港口采用全自动抓斗卸船机，需要专人操作，司机需要踩着脚踏板控制设备的运行，一旦司机松开了脚踏板，卸船设备会立即停止工作，这样保证了船舱免受破坏和人员的安全。港口散货的卸船流程实现自动化，提高了卸船的效率，大大降低了人工成本，增加了港口码头的经

济效益。

（二）散货装备自动化扫描和控制技术

在散货装卸操作中，实时监视作业料堆高度、堆形是十分必要的，同时，按照相关标准进行精确计算之后可为港口后续操作提供重要数据支持。在港口装卸操作中，人们获取的数据信息有的是用肉眼观测的，有的则需应用机械设备进行测量。为了确保数据信息的测量和获取不过多受外界环境的干扰，可以将料堆轮廓自动检测技术应用到港口散货装卸作业操作中，利用激光测距原理，在港口斗轮堆取料机中安排定位系统，完成对目标作业的检测。第一，抓斗卸船自动化扫描控制。在 TPS 的内部往往具备两个偏转镜，在偏转镜的作用下能够将发射的激光有效反射回来，反射回来的激光会被激光接收器接收。之后通过精密性仪器的测量能够计算出发射光和反射光之间的时间差，进而精准计算出物体和激光器之间的距离。在偏转镜的作用下能够实现对目标物体的连续扫描，了解目标物的三维位置数据信息。第二，斗轮堆取自动化扫描控制。斗轮堆取自动化扫描控制技术在实际应用中和卸船机操作一样，一般都需要借助 TPS 进行扫描操作。在扫描操作中，TPS 会将数据信息发送到相应的取料机上，经过取料机的处理来获取更多数据信息。之后应用立体化表面还原算法获取整个料堆的形状、位置信息等，在综合利用各类数据的情况下，向人们展示立体化堆料图形。

（三）可编程逻辑控制在港口除尘方面的应用

对于输送煤炭资源的港口，在其间堆放的煤炭随风扬尘变化会带来一系列环境污染问题。这类环境问题的一般治理方式是应用高压喷枪定时洒水清理，一方面能够防止粉尘飞扬，另一方面在夏季能够降低煤堆温度、减少煤炭自燃现象。可编程逻辑控制在港口除尘中的应用能够在确保除尘质量的基础上实现对洒水操作的及时控制，降低港口除尘工作强度。可编程逻辑控制系统可以通过分布式 I/O 结构的应用实现对整个上位机操作画面的控制和监督，帮助相关人员更好地了解泵房内部水泵的工作状态、系统压力、水池状态等，为港口顺利生产和运行提供重要支持。

综上所述，对港口区域大型机械自动化控制进行完善能够在一定程度

上减少港口区域工业发展成本费用，在港口发展的过程中减少其对周围环境的污染和破坏。本节借助最新技术形式提出了一种港口区域大型机械电气自动化控制工作的抗干扰分析模型，为港口区域大型机械化发展提供了重要支持。结合当前港口区域大型机械自动化控制发展现状，提出 RTG 技术、可编程控制器、装卸自动化等技术在港口大型机械电气自动化发展中的应用，旨在更好地促进港口自动化发展。

参考文献

[1] 车建明，李清．机械工程基础 [M].3 版．天津：天津大学出版社，2022.

[2] 杨叔子，杨克冲，吴波，等．机械工程控制基础 [M].8 版．武汉：华中科技大学出版社，2023.

[3] 李艳杰，于晓琳．机械工程控制基础 [M].北京：机械工业出版社，2021.

[4] 刘海山，石良滨，杜嵬．机械工程及自动化应用 [M].哈尔滨：黑龙江科学技术出版社，2022.

[5] 张停，闫玉玲，尹普．机械自动化与设备管理 [M].长春：吉林科学技术出版社，2021.

[6] 王均佩．机械自动化与电气的创新研究 [M].长春：吉林科学技术出版社，2022.

[7] 崔井军，熊安平，刘佳鑫．机械设计制造及其自动化研究 [M].长春：吉林科学技术出版社，2022.

[8] 黄力刚．机械制造自动化及先进制造技术研究 [M].北京：中国原子能出版社，2022.

[9] 闫来清．机械电气自动化控制技术的设计与研究 [M].北京：中国原子能出版社，2022.

[10] 陈艳芳，邹武，魏娜莎．智能制造时代机械设计制造及其自动化技术研究 [M].北京：中国原子能出版社，2022.

[11] 程宪平．机电传动与控制 [M].5 版．武汉：华中科技大学出版社，2021.

[12] 彭芳瑜，唐小卫．数控技术 [M].2 版．武汉：华中科技大学出版社，2022.

[13] 周江宏，刘宝军，陈伟滨．电气工程与机械安全技术研究 [M].北

京：文化发展出版社，2021.

[14] 崔政斌，张卓 . 机械安全技术 [M].3 版 . 北京：化学工业出版社，
2020.

[15] 周成，居里锴 . 机械安全风险预警 [M]. 北京：电子工业出版社，
2023.

[16] 竺国荣，陈定岳，王杜 . 湿硫化氢环境压力容器检验技术 [M]. 北
京：机械工业出版社，2022.

[17] 陈学东，范志超，郑津洋，等 . 压力容器绿色制造技术 [M]. 北京：
机械工业出版社，2022.

[18] 杨启明，杨晓惠，饶霁阳 . 压力容器与管道安全评价 [M].2 版 . 北
京：机械工业出版社，2022.

[19] 宋健斐，张春梅，李志安，等 . 压力容器与压力管道技术基础 [M].
北京：中国石化出版社，2020.

[20] 石仁委 . 管道检测技术探索与实践 [M]. 北京：中国石化出版社，
2020.

[21] 中国石油化工集团有限公司配管设计技术中心站 . 压力管道设计与
施工常用标准规范手册：第 2 篇 GA 类长输管道 [M]. 北京：中国
石化出版社，2023.